>>> YANGGUANG JIAOYU E

植物大观
ZHIWU DAGUAN

>>> 为了使青少年更多地了解自然、热爱科学，我们精心编写了这本书。这是一本科学性和趣味性并存的著作，希望青少年朋友能在轻松的阅读中了解变幻莫测的大千世界，了解人类与自然相互依存的历史。只有这样，我们才能更理智地展望未来。

本书编写组◎编

利　生◎主　编

张红强◎副主编

一卷在手，奥妙无穷，日积月累，以至千里。

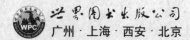
世界图书出版公司
广州·上海·西安·北京

图书在版编目（CIP）数据

植物大观/《植物大观》编写组编 . —广州：广东世界
图书出版公司，2009. 11 （2021.11 重印）
ISBN 978 - 7 - 5100 - 1222 - 8

I . 植… Ⅱ . 植… Ⅲ . 植物－青少年读物　Ⅳ. Q94 - 49

中国版本图书馆 CIP 数据核字（2009）第 204840 号

书　　名	植物大观
	ZHI WU DA GUAN
编　　者	《植物大观》编写组
责任编辑	陶　莎　张梦婕
装帧设计	三棵树设计工作组
责任技编	刘上锦　余坤泽
出版发行	世界图书出版有限公司　世界图书出版广东有限公司
地　　址	广州市海珠区新港西路大江冲 25 号
邮　　编	510300
电　　话	020-84451969　84453623
网　　址	http://www.gdst.com.cn
邮　　箱	wpc_gdst@163.com
经　　销	新华书店
印　　刷	三河市人民印务有限公司
开　　本	787mm×1092mm　1/16
印　　张	13
字　　数	160 千字
版　　次	2009 年 11 月第 1 版　2021 年 11 月第 9 次印刷
国际书号	ISBN　978-7-5100-1222-8
定　　价	38.80 元

前　言

　　我们生活的这个世界中，植物是无处不在的，它们几乎遍布了地球上的每一个角落。自然界中，共有约三十万种植物。在庞大的植物世界里，可谓纷繁复杂，无奇不有。

　　当你漫步在植物世界里的时候，一定会眼花缭乱，陶醉其中，以为自己进入神话世界中了呢！

　　它们有的无私奉献，不仅能为我们提供食物、建筑用的木材，还能为我们提供医治百病的药源。它们有的美丽无比，绽放出动人的花朵，释放出芬芳的气味。它们有的是长寿的冠军，有的又是地球生命变迁的活化石。

　　植物们已经成为了人类最好的朋友之一，同我们的衣食住行等生活生产活动密不可分。同时，千奇百怪的植物们，也是一个充满了神奇和有趣的妙不可言的世界。走进丰富多彩的《植物大观》，你会了解到：植物也有自己的语言、思想、感情，植物也有血型等有趣的话题；不怕刀砍的树木，能报时的树木等神奇的树木；出产榴莲、猕猴桃、荔枝等水果的果树；变色花、食人花等五彩缤纷的花卉世界；能捉虫杀蚊子的草，香草和醉草等异草；具有独特治病功效的中草药植物；能同毛毛虫较量的植物，能够找矿的奇趣植物；植物与人们生活，花朵与文化礼仪的植物文化等内容。

　　快来与植物成为好朋友吧，它们会给我们带来各种各样意想不到的惊喜哟⋯⋯

编者

目　录

第一章　奇趣植物大观

1

植物大观

第二章　奇趣树木

第三章　五彩缤纷的花卉世界

第四章　奇趣草本植物

第五章　中草药植物

第六章　植物文化

植

物

大

观

第一章　奇趣植物大观

陆地上最早的植物

专家告诉我们，地球上最早的生命是生活在海洋里，后来才逐渐"爬"上了陆地，陆地上才有了植物。可是，到底是哪一种植物最先出现在陆地上的呢？涉及这个具体问题，人们的分歧就大了。

有人认为最先登陆的是裸蕨类植物，其主要理由是这种植物有维管束，它可以把水分输送到植物体的各个部位，供叶片进行光合作用和蒸腾作用。它们把有无维管束作为判断是不是陆地植物的标准。持这种观点的科学家认为，自从裸蕨出世 500 万年以后，就朝着两个方向发展：一类是工蕨属挺水植物，在长期进化过程中，把光秃无叶的枝茎表面细胞突出体外，像突起的鳞片，逐渐变成小型叶的公类植物和楔叶类植物；另一类是莱尼属植物，是生长在沼泽地中的半陆生植物，逐渐朝着大叶型方向演化，最后形成真蕨类植物和种子植物。

有人认为，最早的陆生植物应该是苔藓类植物。持这种观点的人认为，由于陆地上最早的植物比较原始，不一定非有维管束不可；尽管苔藓类植物的体内结构比较简单，输导组织不发育或不甚发育，但是，植物界从苔藓开始已出现颈卵器与精子器，这是一种保护生殖细胞的复杂的有性生殖器官，尤其是在颈卵器中

1

能发育成幼态植物——胚，胚才是陆生植物特有的象征。

有人认为最早登陆的植物是藻类。持这种观点的人着眼于植物的光合作用。科学家们从藻类中已经发现叶绿素、岩藻黄素、藻红素和藻蓝素等多种光合色素，其中绿藻门类植物所含的色素种类及组成比例与陆地植物的光合色素比较一致，而且细胞内的贮藏物质也都是淀粉。据此推论，最先登陆的植物应该是绿藻门类。

以上种种假说，虽然都有一定的道理，但是依然有漏洞，不能自圆其说，要想揭开先登陆植物之谜，还需要科学探索的发展作有力的证据。

中国是世界植物大国

中国植物种类特别丰富。现知中国高等植物 353 科、3184 属（其中 190 属为中国所特有）、27150 种。全世界植物种数为 237500 种，中国占了 11.4%，仅次于马来西亚（4.5 万种）、巴西（4 万种），列世界第 3 位。其中被子植物 2946 属（占世界被子植物总属的 23.6%）、24400 多种（占世界总种数的 10.8%）；比较古老的裸子植物有 11 科（全世界共 12 科，占世界总科数的 92%）、41 属（占世界总属的 62%）、240 余种（占世界总种数的 30.2%）。如紫杉科，全球仅存 5 属 20 种，中国就占 4 属 19 种。此外，中国还有蕨类和拟蕨类 2600 种；木本植物 7500 种，乔木占 2800 种，其中经济价值较高的有 1000 种，常用于造林的有 200 种，是世界公认的"树木宝库"。

中国植物种类特别丰富还表现在，植物区系成分的复杂性方面。在中国植物中，既有古北极区的植物成分，也有欧洲地区的植物成分；有大量的印度、马来西亚热带植物成分，也有不少中亚和地中海植物成分。同时，不少种属与北美、日本等地的植物种群也有不同程度的联系。如中国西南、华南以及台湾等南亚热带与热带地区，第三纪以来就与印度、印度尼西亚、中南半岛、新几内亚以及斐济等太平洋岛屿连成一个整体，成为世界上植物种属最丰富的地区之一，而且保存了第三纪古热带植物区的后裔或残遗种。因此，处于该植物区系北缘的西南、华南地区，也是植物种属最为丰富的区域。在这些地区，属于印度、马来西亚热带植物连同其变种共 540 余属，约占全国总属数的 19％；其中 100 属以上向北伸入到亚热带，还有 10 属渗入到温带，在西南山区甚或上升至海拔 3000 米的高度。再如广泛分布于中国北部山区的云杉、冷杉、落叶松等多种针叶林以及槭树、椴树、桦树、山毛榉等落叶阔叶树种，原是第三纪生长在北极圈附近的植物，在第四纪冰期时南下进入中国境内并不断演化而来的。欧洲赤松、山杨及樟子松等，在第三纪早期就已进入中国阿尔泰和东北等地。西北干旱荒漠地区发育的藜科、菊科等多种灌木和小灌木，原分布于古地中海周围，后来随着古地中海的消失，陆地的出现而日渐扩展，并随气候的干旱化演化发展而进入中国。

中国是地球上栽培植物的八大起源中心之一。全球 1200 种栽培植物（不包括花卉）中，约 200 种起源于中国。著名的有水稻、荞麦、大豆、豇豆、油菜、芝麻、茶、桑、红花、柚、甜橙、芋头、白菜、葱、蒜、韭菜、茭白、荸荠、慈姑、

芝麻原植物

金针菜等等。中国古代劳动人民不但把许多野生植物变为栽培植物，还因地制宜地引种了许多来源于国外的农作物和经济作物，著名的外来种有玉米、马铃薯、甘薯、木薯、番茄、洋葱、胡萝

卜、甘蓝、西瓜、南瓜、丝瓜、咖啡、可可、烟草等。总之，凡是冠上"洋"、"胡"、"番"字样的植物，多是"舶来品"。

种类繁多的天然植物加上丰富多彩的栽培植物，使中国成为世界上植物资源最为丰富的国家之一。据统计，中国有药用植物4000多种，用材林木1000多种，油脂植物600多种，纤维植物500多种，淀粉植物300多种，蔬菜植物80余种，果品植物300多种。其中不乏世界上独有的或少见的珍稀植物。

植物的细胞

细胞在英文中是小房间的意思，为什么称细胞为小房间呢？这要追溯到3个世纪以前，当时一个叫虎克的英国人，透过自制的显微镜观察软木的切片。在薄薄的木片上，虎克发现许多像蜂巢一样的孔洞，孔洞壁很薄，就如同蜂巢中的腊膜，虎克把这些小孔称作CELL，这也是当今细胞一词的由来。不过虎克当初看到的是已经死亡变干燥的细胞。后来人们越来越多地对细胞进行观察、研究，发现了复杂的细胞里的许多有趣现象。

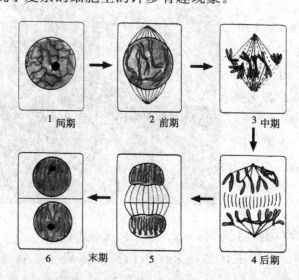

1 间期　　2 前期　　3 中期

6 末期　　5　　4 后期

植物细胞的分裂过程

首先说一说细胞的个子。细胞的大小可不一样，有的细胞直径在 20～50 微米之间，几十个细胞才不过 1 毫米长。可有的细胞则是"巨人"，沙瓢西瓜和西红柿的果肉细胞直径可达 1 毫米，这中间差别真是悬殊得很。

还有的细胞是典型的瘦高个儿，棉花纤维的细胞长达60～70毫米，苎麻的细胞长度可达 620 毫米。有的植物被折断后可流出乳白色的乳汁，而那条流淌乳汁的乳汁管，就是一个有无数细胞核的大个细胞。

细胞的形状也千奇百怪，有扁平状、柱状、小方块、蚕豆形、长筒状的，不同形状的细胞功能也不同。

细胞的构造虽大同，也有小异。细胞最基本的是细胞壁、细胞质、细胞核。最外层即是细胞壁，它是细胞的框架，如果在细胞壁的纤维素中添加不同的物质，细胞就会具有不同奇妙的特性。加入木质素的木质化细胞，使茎变得坚实，这就是草、木不同之处；表皮细胞能减少水分蒸发，是增加了角质素；小麦、稻谷、玉米茎叶含有一定量的硅质，因而也就变得坚利起来，能划伤人的皮肤。这还仅是细胞壁的一小部分；那么整个细胞世界该是多么奇妙而充满乐趣啊。

植物的眼睛

植物有眼睛吗？提出这个问题看似有些荒诞。世界上只有人和动物有眼睛，植物怎么会长眼睛呢？但是，植物为什么有那么强的趋光性？它们是怎样知道太阳何时升起又何时落下？向日葵为什么会追随着太阳转动，它靠什么来确定太阳的位置？科学家明确地告诉我们：植物也是靠眼睛来"看"的。

说植物有眼睛一点也不奇怪，早在 4 世纪初，植物学家在研究烟草新品种时，就已经发现了植物对光照的敏感。种烟草是为了收获烟草而非种子，烟草若是开花结籽，养料就会消耗到这上面而影响烟叶生长。从前有人就绞尽脑汁培育只长叶子不开花的烟草，结果成功了，新品种在整个夏季和秋季都不开花。但是新的问题又出来了：不开花就不结籽，没有种子第二年用什么播种呢？人们只得在严寒来临之前把烟草从地里挖出来搬进温室。值得庆幸的是，烟草到了温室不久就开花结籽了。人们对这一现象发生了兴趣：烟草为什么在露天地里不开花，进了温室就开花呢？是不是温度的关系呢？这个假设很快就被实验否定了。难道是移动的关系吗？这个假设不久又被否定了。是不是光照时间不同造成的呢？人们建了一座密不透光的房子，在夏天把种在花盆里的烟草搬进搬出，让它像冬天一样，每天只能见到六七个小时的阳光。烟草果然在夏季开花了。为了使数据更科学更准确，人们又做了一个恰好相反的实验：在冬季太阳落山后，对温

向日葵

室里的一部分烟草用电灯再额外补充几小时光照，使烟草受光照时间和夏天一样长，结果烟草像夏天一样不开花，而没有得到额外光照的烟草却都开花了。烟草开花的秘密终于被揭开了。

通过实验研究已经证实，接受光照时间的长短，是决定植物开花与否的原因之一。世界上的植物大致分三种情况：有光照时间必须在 12 小时以上才能开花的"长日照植物"，如小麦、蚕豆等；也有光照时间短于 12 小时才能开花的"短日照植物"，如大豆、烟草等；还有一种"中性植物"，它们开花对光照时间并无特殊要求。

此外，一些藤本植物，如我们常吃的葡萄和黄瓜，秧苗为了托起自身沉重的主茎不断地向上蔓延，总是伸出许多卷须朝四周

探索，而且总是朝自己最近的支撑物蔓延，一旦发现支撑物就紧紧地缠绕住它。倘若这个支撑物被移走，它就会改变自己的前进方向，朝另一个最近的支撑物伸展。试想，植物如果没有眼睛，怎么会知道靠近它最近的那个支撑物被移走呢？又怎么会主动改变前进方向，朝另一个靠它最近的支撑物伸展呢？难道它的叶子里长有眼睛不成？

光照与植物的生长息息相关

　　科学家对植物的叶子进行反复研究后，发现在植物叶子内有一个像视网膜一样的感受器，可以吸收阳光中的蓝色光线，而蓝色的光线能决定植物叶子移动的方向。因此，植物叶子会随着有蓝色光线的太阳转。如果切开一片叶子的框轴点，那些细小的运动细胞就会向相反方向缩小，把叶子转向阳光。据此，科学家们认为，植物的眼睛长在叶子里，而且不是向下看大地，而是向上看太阳。

　　植物从根梢到叶尖有完整灵敏的感觉系统，它根据视觉色素这双"眼睛"的不同指示，准确、及时地对光作出不同反应：或开花，或合拢，或枝叶扭转，或茎株拔高，随时把自己调整到适于生长繁衍的最佳位置上。

　　虽然人们已经发现了植物的"眼睛"，但对它的认识还没有达到应有的深度。植物通过光能不断地制造视觉色素，视觉色素通过光反过来又控制着植物的生长。人类利用光能不能任意把化合物从一种形式转变为另一种形式？这里面的奥秘还有待科学家们去不断探索。

植物的数量与山高的关系

在地球上，由水里到陆地，直达 5000 多米的高山，都是植物的生存范围。可是，越往高处走，植物的种类就越少。一般来说，在海拔 3000 米以下，植物种类最多；3000 米以上，主要是些小灌木及草本植物；4000 米以上，种类就很少了；5000 米以上，只有极少数耐寒植物能够生长。

那么，哪些植物是攀登高山的能手呢？

在中国新疆境内的托木尔峰，海拔 4000 米高处的岩石峭壁中，生长着美丽的雪莲花，还生长着土耳其斯坦报春花和鼠面风毛菊。在秘鲁境内的安第斯山近 4000 米的高处，生长着一种大王凤梨，它的花

山地和丘陵各有其独特的植物生长环境

穗长达 5 米，据说每隔 150 年才开一次花。菊科植物的足迹遍布世界各地，在 4200 米的高山上还能见到它平贴在石砾上。在西藏高原 5800 米处，有人曾发现过三指风毛菊。在喜马拉雅山 6139.65 米高处，发现一种俯地生长的偃卧繁缕，显然是开花植物在地球上的登高冠军。

为什么山越高，植物就越少呢？科学家指出，海拔高度每上

升 100 米，温度就要降低 0.5℃，因此山越高，温度就越低。在那冰天雪地、空气稀薄的环境里，一般植物无法生存，只有那些特别耐寒的植物才能适应。

奇妙的植物激素

人和动物的体内有多种激素，调节着动物的生长发育，有着十分重要的作用，那么植物体内有没有激素呢？回答是肯定的。

天然的植物激素并不多，据统计，700 万株玉米幼苗所分泌的植物激素，也只有针尖大的容量。但是就是这极微小的激素，对植物的生长有着不可估量的作用。

屋子里的花草，会自动转向有光的地方，向日葵紧紧跟随着太阳，这些都是生长激素的作用。树的树冠，上尖下粗，这也是生长素的作用。顶端芽的生长素能抑制侧枝的生长，越往下，抑制作用则越小，因而树冠就成了上小下大。知道

水果的生长与成熟，同植物体内的激素有关

了这一点，农民把棉株的尖端剪掉，侧枝增多，就有可能收获更多的棉花。绿化篱的顶芽被剪掉，从而它就不再长高，侧向发展，变得很厚，绿化效果就更好了。

生长素还能促进果实的生长。人们把没有授粉的苹果、桃、西瓜等注入生长素，不久后，就可以吃到无籽的果实了。

大量的水果如果被装在一个容器里，就很容易变熟，甚至变坏，这是一种叫乙烯的植物激素在"作怪"，常常一个成熟果实会促使整袋整箱的水果变熟。生活中，如果你无意中买来生水果，也不必着急，把一个熟果实放入其中，几天后不就全熟了吗？

还有一种激素叫脱落酸，它能促进植物变得衰老。在冬天里，脱落酸使植物叶子落光，进入休眠状态，也有一定的积极作用呢。

植物的激素，可真是又重要，又有趣啊。

植物长生不老之谜

在世界各地，到处可见年龄达数百、甚至是数千岁的古树，而在动物界，即使是被视为长寿象征的乌龟，顶多不过能活几百岁，同植物比起来，显得"年轻"了许多。为什么植物的寿命远比动物的长呢？

几乎每个人都怀有"长生不老，永远年轻"的欲望，但这只是一个无法实现的梦而已。与 19 世纪相比，今天人们的平均寿命已经提高了 20 岁至 30 岁。这个趋势会一直延续下去吗？人类的寿命会无限延长吗？答案是"不！"

不仅是人类，其他动物的寿命也很有限。植物就不是这样了，在有的植物个体身上，寿命似乎是不存在的。

在春天撒下牵牛花的种子，到了夏天便会盛开花朵并结成种子，入秋之后立即枯萎。如此看来，牵牛花的寿命只有半年。如果把萌芽的牵牛花一直放在暗处使它照不到光线，它在刚刚长出双子叶还没有抽蔓时就开花结果，进而枯萎。这时，它的寿命只有短短的几个星期而已。但是，如果把牵牛花移入温室，一到夜晚就点亮电灯保持光亮，它将始终不会开花，而是一个劲儿地伸蔓长叶，可以持续生长好几年。

由此看来，牵牛花好像可以"随意"改变一生的长度，没有固定的寿命。

人类或者动物，只要是相同的物种，都会以大致相同的速度成长：性成熟，产子，随年龄的渐增而老化，最后以既定的寿命结束一生。但是，植物却不同，它们能够在一生的各个阶段休眠一段时间：比如冬天停止代谢，春天再开始生长。从同一棵草木上同时掉落地面的多粒种子，有的第二年立刻发芽，有的则躲在地下休眠数年乃至数十年，有些种子甚至经过几百年之后才发芽。植物和动物都靠繁衍子孙而使生命延续。动物的繁殖需要精子和卵子的结合，即使是"克隆"，也需要有卵细胞或者胚胎细胞的参与。而植物却可以借助自身细胞（单细胞）来繁殖，它不停地分裂，"永不死亡"。

花生种子

森林火灾常常把满山遍野的植物烧成一片惨状，但一到第二年的春天，烧焦的树干上可以重新看见稀稀疏疏的新芽。

1963 年，英国的史基瓦德切下一小块胡萝卜放在培养液中，不久，胡萝卜块中有不少细胞游离出来，专家将这些细胞放到培养基上，细胞开始增殖，在试管中长成了整个的胡萝卜。

史基瓦德首次证明了构成植物体的每一个细胞都具有再度发展成新个体的能力，而这一点，人或者动物都是无法做到的。

另外，包括人类在内的一切动物个体都具有显示物种特征的特定形貌：猫和狗决不一样，因为它们的相貌不一样；瘦猫和胖猫都是猫，因为它们的相貌一样。植物则是没有一定的形貌的，同样是落叶松，生长在不同的地方，完全可能是两个模样。即使是生长在同一地方的相同种类的两棵树，形貌都可能完全不同。

在植物王国，年龄超过100岁的树木还真不少，比如，苹果树可以活100～200年，梨树能活300年左右，枣树可活400年，榆树可以活500年，樟树则可以活800年以上，松树可以活1000年。有人说，雪松能活2000年，银杏能活3000年，红桧能活4000年，水杉可以活4000年以上；世界上最长寿的树种龙血树，可以活8000年以上。在美国，甚至有成片的长寿林。它们应该算是长寿植物了。

而世界上寿命最长的人，只可以活120岁左右；中国神话传说中的彭祖，也只活了800岁。

植物体内的生物钟

我们知道，日历和钟表能准确地计算时间的流逝，方便人们生活和工作；那么，生物体里是否也存在着一种类似钟表的时钟呢？

200多年前，就有人用实验来寻求这个答案。他们把叶片白天张开晚间闭合的豌豆，放在与外界隔绝的黑洞里，结果看到叶片依然按规律白天张开晚上闭合。这有趣的实验说明：生物体内确实有一种感知外界环境的周期性变化的能力，并且有调节其生理活动的"时钟"，这种时钟，人们把它叫做"生物钟。"那么生物钟是否也能像钟表一样可以对时，拨动和调整呢？科学家用实验作出肯定的回答。他们颠倒了白天张开晚上闭合的三叶草的光照规律，就是白天把它放在人造夜晚中，夜晚把它放在光照下，经过多次的摆布后，叶片的张合就和自然昼夜颠倒了，这说明生物钟的指针已经被拨动，但是，当再把它放在自然昼夜中的时候，原来的规律又很快地恢复，钟又调整校对过来了。不同的生物有不同的生物钟，植物体内的光敏素就是控制植物昼夜节律或者开花时间的生物钟。生物钟的机制远比当代最精巧的钟表复杂，但是其中的奥秘到现在还没有完全揭开。对生物钟的研究，对工业、农业和医疗甚至国防，都有重大的现实意义。例如植物在一天中吸收不同的无机离子的时间各不相同，如果掌握了这个"进食时间表"，就可以用最少的肥料达到最好的增产效果；心脏病人对洋地黄的敏感性在凌晨 4 点钟的时候，大于平时的 40 倍，这对掌握用药时间，对健康和治疗有重要意义；癌细胞的分裂有其细胞周期，如果对它分裂的规律了如指掌，那对癌细胞的恶性生长就制之有术了。随着科学的发展，对生物钟的研究，必将在人类生活中产生深远的影响。

植物有血液和血型吗

人和动物都有血液，那么植物也有血液吗？是的。例如，在世界上许多地方，都发现了洒"鲜血"和流"血"的树，植物会流"血"，当然有血型区别了。

中国南方在两广和云南一带山林的灌木丛中，生长着一种常绿的藤状植物——鸡血藤。鸡血藤总是攀缘缠绕在其他树木上，每到夏季，便开出玫瑰色的美丽花朵。当人们用刀子把藤条割断时，就会发现，流出的液汁先是红棕色，然后慢慢变成鲜红色，跟鸡血一样，因而人们叫它"鸡血藤"。

截取干的鸡血藤树茎，切成薄片，泡在热水里，也会有一缕缕血丝在水中徐徐散开，最后一杯水会变成鲜红的"血"。可是这种树的"血"并不是像人体的血液一样，由红血球、白血球、血小板等组成，而是由鞣酸、胶质和混合多糖蛋白等组成。正由于它含有糖蛋白链索状分子，因而也像人血一样，验得出血型。奇怪的是，这种"血"的成分，虽与人血完全不同，但它的治病功能，却与人体的血液完全有关，能活血，补血，去淤血，生新

鸡血藤

血，收缩血管，治疗妇女闭经、贫血性的神经麻痹和因放射线引起的白血病。它的茎皮纤维还可制造人造棉、纸张绳索等，茎叶还可做灭虫的农药。

也门南部的索科特拉岛，是世界上最奇异的地方之一，尤其是岛上的植物，更是吸引了世界各地的植物学家。据统计，岛上约有200种植物是世界上任何地方都没有的，其中之一就是"龙血树"。它分泌出一种像血液一样的红色树脂，这种树脂被广泛用于医学和美容。这种树主要生长在这个岛的山区。关于这种树在当地还流传着一种传说，说是在很久以前，一条大龙同这里的大象发生了战斗，结果龙受了伤，流出了鲜血，血洒在这种树上，树就有了红色的"血液"。

英国威尔士有一座公元6世纪建成的古建筑物，它的前院耸立着一株已有700年历史的杉树。这株树高7米多，它有一种奇怪的现象，长年累月流着一种像血液一样的液体，这种液体是从这株树的一条2米多长的天然裂缝中流出来的。这种奇异的现象，每年都吸引着数以万计的游客到此观光游览。这棵杉树为什么流"血"，引起了科学家们的注意。美国华盛顿国家植物园的高级研究员特利教授对这棵树进行了深入研究，也没找到流"血"的原因。

会流"血"的植物，流出的真是血吗？不是血液又是什么？这些都有待进一步研究。

此外，植物也是有血型的。人类血型，是指血液中红血球细胞膜表面分子结构的型别。植物有体液循环，植物体液也担负着运输养料、排出废物的任务，体液细胞膜表面也有不同分子结构的型别，这就是植物也有血型的秘密所在。

植物体内的血型物质是怎样形成的，至今还没有弄清原因。植物血型对植物生理、生殖及遗传方面的影响，也都没有弄明白。说来有趣，关于植物的血型，竟是日本一位搞刑侦工作的人发现的。他的名字叫山本，是日本科学警察研究所法医，也是研究所的第二研究室主任。他是在 1984 年 5 月 12 日宣布这一发现的。

植物的血型，是山本在一次偶然机会中发现的。一次，有位日本妇女夜间在她的居室死去，警察赶到现场，一时还无法确定是自杀还是他杀，便进行血迹化验。经化验死者的血型为 O 型，可枕头上的血迹为

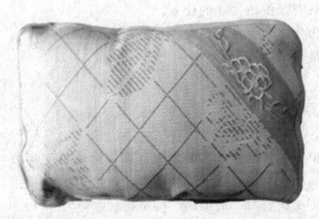

荞麦皮枕头中，荞麦皮也是有血型的

AB 型，从而便怀疑是他杀。可后来一直未找到凶手作案的其他佐证。这时候有人提出，枕头里的荞麦皮会不会是 AB 型呢？这句话提醒了山本，他便取来荞麦皮进行化验，果然发现荞麦皮是 AB 型。

这件事引起了轰动，促进了山本对植物血型的研究。他先后对 500 多种植物的果实和种子进行观察，并研究了它们的血型。发现苹果、草莓、南瓜、山茶、辛夷等 60 种植物是 O 型，珊瑚树等 24 种植物是 B 型，葡萄、李子、荞麦、单叶枫等是 AB 型，

但没找到 A 型的植物。

根据对动物界血型的分析，山本认为，植物体内确实存在一类带糖基的蛋白质或多糖链，或称凝集素。有的植物的糖基恰好同人体内的血型糖基相似。如果以人体抗血清进行鉴定血型的反应，植物体内的糖基也会跟人体抗血清发生反应，从而显示出植物体糖基有相似于人的血型。比如，辛夷和山茶是 O 型，珊瑚树是 B 型，单叶枫是 AB 型，但是 A 型的植物仍然没有找到。

为了搞清楚血型物质的基本作用，科学家对植物界作了深入研究，得出这样的结论：如果植物糖基合成达到一定的长度，在它的尖端就会形成血型物质，然后，合成就停止了。血型物质的黏性大，似乎还担负着保护植物体的任务。

但是，植物界为什么会存在血型物质？为什么又找不到 A 型血的植物？至今还是一个谜。

植物的"特异感觉"

随着科技的进步，似乎越来越多的发现证明：植物是一种极其复杂的"活机体"。它们和人一样，也会生病，也可能得"感冒"、"消化不良"、"皮肤病"、"传染病"甚至是"癌症"。

植物还具有模仿能力。为了在传粉期间吸引昆虫前来传粉，植物会散发出一种尸臭味，诱使苍蝇、甲虫等前来产卵，借机传粉；可在平时，植物则根本没有这种气味，植物的模仿也证明了植物存在"嗅觉"。

植物具有感觉。尽管工作原理不同，但是植物的感觉还是敏锐的，有的植物为了避免长时间光照造成的伤害，能自动"休克"，或者疲倦地睡着了。

同动物一样，植物也是自然发展的产物，尽管存在形式不同，它们毕竟来自同一祖先——活细胞，因此植物具有疼痛感，当折断植物的枝、叶时，测定的电位差出现电压跃变，就好像受难哑巴的哀哭，如果用镇静剂处理伤口，植物居然也会神奇地安静下来。

植物的运动也千姿百态，像合欢树叶的开合、含羞草叶的闭合、还有会跳舞的"舞草"，都给人美妙的感觉。

另外几乎所有植物都可对磁场的

自然界的植物有其独特的生长方式

微妙变化作出反应，有一种植物的叶子可指向四个标准方向。

善待植物吧，因为它们也是有感知的。

植物的行为探秘

花儿生长向太阳，它们为什么向阳，其中却大有文章。向日葵是这类植物中最有代表性的，它受到体内生长激素的控制，因而自己的生长是追踪太阳的。

除了向日葵外，在我们身边，向阳植物并不常见，但生长在北极的大部分植物，都擅长追逐太阳。北极气候寒冷，花儿向阳就能聚集阳光的热量，造成一个温暖的场所，以便引诱昆虫前来传粉，使子孙后代繁衍不绝。有一位瑞典植物学家做过一个有趣的实验，他把一株仙女木植物的花用细铁丝固定住，不让它做向阳运动。等第二天太阳出来后，他测量了这朵花的温度，发现要比周围向阳的花朵低 0.7℃。

在研究植物向阳生长的时候，人们发现许多向阳植物的地下部分，虽然照不到阳光，但也能对光作出反应。这个令人迷惑的问题，长期以来一直无人能够解释。直到最近科学家才发现，植物的身体能传导光线，就像光导纤维能把光传到适当部位一样。照射到植物地面部分的阳光，可以通过植物身体的基干向植物体的其他方向传去。

在追踪太阳的植物中，最有意思的也许是缠绕植物了。比如牵牛花，它盘绕在竹竿上的细茎全部沿逆时针方向，右旋着朝上攀爬。而另一种缠绕植物蛇麻藤则恰恰相反，以顺时针方向左旋着向上生长。它们为什么会这样呢？迄今为止

牵牛花的生长同阳光有关

还没有肯定的答案。不过，有位科学家提出了一个有趣的假设。他推断这类缠绕植物的祖先，一类生长在北半球，另一类生长在南半球，植物茎为了跟踪东升西落的太阳，久而久之就形成了各自的旋转，方向正好相反。如果这种说法正确的话，那么照此推论，一些起源于赤道附近的缠绕植物，就不可能有固定的缠绕方向。后来，人们真的发现了左右旋转都可以的中性植物，它起源于阿根廷靠近赤道的地区。总之，这个假设已经在渐渐被事实所证实。

植物的根为什么要向下生长

好多年前，曾有人提出这个古怪的问题：植物的根为什么只

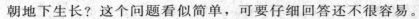

朝地下生长？这个问题看似简单，可要仔细回答还不很容易。

最近，几位美国科学家为了解答这个问题，对玉米、豌豆和莴苣的幼苗进行了专门的研究。他们发现，植物根冠的细胞壁上积累着大量的钙，尤其在根冠的中央密度最大。因此，他们认为，除了地球重力场的影响外，钙对控制植物的根向地面生长，起着至关重要的作用。

科学家认为，不仅人和动物知道上下左右，东西南北，不少植物也具有定向能力。

美国有一种莴苣植物，它的叶面总是和地面垂直，而且无一例外地朝着南北方向，人们因而把它称为"指南针植物"。指南针植物的叶片为什么会有这种独特的习性呢？有两位植物学家发现，指南针植物只要一遮阴，叶片的指南特征就消失了，因此，他们断定叶片指南一定与阳光密切相关。后来，他们又进一步发现，叶片的指南特性对植物生长很有利，由于中午阳光最强烈，垂直叶片的受光面积极小，能大大减少水分的蒸腾；而在清晨和傍晚，叶片又可以在耗水少的情况下进行较多的光合作用。这样，指南针植物可以在干旱的环境条件下，得到较好的生长。

人能和植物作心灵沟通吗？

早在 16 世纪，德国有位名叫雅可布·贝姆的方士就声称他有这种功能。当他注视一株植物时，可以突然使意念与植物融成一体，成为植物的一部分，觉得生命在"奋力向着光明"。他说此时他同植物的单纯的意愿相同，并且与愉快生长的叶子共享水分。这个说法当然无法得到证实。

在美国有一个名叫维维利·威利的人，她曾做过这样一个试验：她从公寓花圃里摘回两片虎耳草的叶子，一片放在床头柜上，一片放在起居室里。她每天起床，都要看看床边的叶子，祝愿它继续活着，而对另一片叶子则根本不予理睬。30 天后，她不闻不问的那片叶子已萎缩变黄，开始干枯；可是她每天注意的那片叶子不但仍然活着，而且就像刚从公司里摘下来时一样。似乎有某种力量在公然蔑视自然法则，使叶子保持了健康状态。

　　美国加利福尼亚的化学师马塞尔·沃格尔按照威利的办法，从树上摘下 3 片榆树叶，放到床边的一个碟子里。每天早饭前，他都要集中一分钟思想，注视碟子中的两片叶子，劝勉它们继续活下去，而对中间那片叶子则不予以理睬。一周后，中间的一片叶子已变黄枯萎，另两片则仍然青绿，样子健康。使沃格尔更感兴趣的是，活着的两片叶子的小茎，由于摘自树上而留的伤痕似乎已经愈合。这件事给沃格尔以很大的鼓舞，他想，人的精神力量可以使一片叶子超过它的生命时间保持绿色，那么这种力量会不会影响到液晶呢？因而他用显微镜将液晶活动放大 300 倍，并制下幻灯片。他在制作幻灯片时，用心灵寻找人们用肉眼看不到东西，结果他发现有某种更高的不可知的东西在指引着它，说明植

美丽的郁金香

物可以获知人的意图。但不同的植物对人意识的反应也不同。就拿海芋属的植物来说吧，有的反应较快，有的反应较慢，有的很清楚，有的则模糊不清。且整株植物也是这样，就其叶子来说，也是各自具有特性和个性，电阻大的叶子特别难合作，水分大的新鲜叶子最好。植物似乎有它的活动期和停滞期，只能在某些天

的某个时候才能充分进行反应，其他时间则"不想动弹"或"脾气不好"。1971年，沃格尔在此认识基础上，开始了新的实验，看能否获得海芋属植物进入与人沟通联系的准确时刻。他把电流计联在一株海芋植物上，然后他站植物面前完全下来，深呼吸，手指伸开几乎触到植物。同时，他开始向植物倾注一种像对待友人一样的亲密感情。他每次做这样的实验时，图表上的笔录都发生一股的向上波动，他能不时地感到在他手心里，某种能量从植物身植物王国似乎能够揭示出任何恶意或善意的信息，这种信息比语言表达更为真实上发出来。过了3～5分钟，沃格尔再进一步表示这种感情，却未引起植物的进一步行动，好像对他的热情反应它已放出全部能量。沃格尔认为，他和海芋植物反应似乎与他和爱人或挚友间的感情反应有同样的规律，即相互反应的热烈情绪引起一阵阵能量的释放，直到最后耗尽，必须得到重新的补充。

　　沃格尔在一个苗圃里发现，他用双手在一群植物上移来移去，直到手上感到某种轻微的凉意为止。用这种办法，他可以轻而易举地把一株特别敏感的植物拔出来。凉意是由一系列电脉所致，表明存在一个较大的场。沃格尔在另一次试验中，将两株植物用电母联在同部记录器上。他从第一株上剪下一片叶子，第二株植物对它的同伴的伤痛做出了反应。不过这种反应只有当沃格尔注意它时才能有。如果他剪下这片叶子不去看第二株时，它就没有反应。这就好像沃格尔同植物是一对情人，坐在公园的凳子上，根本不留意过路行人。但只要有一个人注意到别人时，另一个人的注意力也会分散。沃格尔清楚地看到，在一定程度上集中注意力，是监测植物的必需条件。如果他在植物前格外集中精神，而不是在通常的精神状态下希望植物愉快，祝福它健康成长，那么植物就从萎靡状态下苏醒。在这方面，人和植物似乎互相影响，作为一个统一体，两者对事件的发生或者对第三者的意识，可以从植物的反应中记录下来。沃格尔发现，他和植物的生命沟通感情，植物是活生生的物体，有意识，占据空间。用人的标准来看，它们是瞎子、聋子、哑巴，但毫不怀疑它们在面对人的情绪时，却是极为敏感的工具。它们放射出有益于人类的能动力量，人们可以感觉到这种力量。它们把这种力量送给某个人的特定的能量场，人又反过来把能量送给植物。既然人可以同植物进行心灵的沟通，那么可不可以化入植物之中呢？

在同植物进行感情交流时，千万不能伤害植物的感情。沃格尔请一位心理学家在 15 英尺外对一标海芋属植物表示强烈的感情。试验时，植物作出了不断的强烈反应，然后突然停止了。沃格尔问他心中是怎么想的，他说，他拿自己家里的海芋属植物和沃格尔的做比较，认为沃格尔的远比不上他自己的。显然这种想法刺伤了沃格尔的海芋植物的"感情"。在这一天里，它再也没有反应，并且两周内都没有任何反应。这说明，它对那位心理学家是有反感的。沃格尔发现，植物对谈论性比较敏感。一次，一些心理学家、医生和计算机程序工作人员在沃格尔家里围成一圈在谈话，看植物有什么反应。谈了大约一个小时，植物都没有反应。当有人提出谈谈性问题时，仪器上的图迹发生了剧烈的变化。他们猜测，谈论性可以激发某种性的能量。在远古时代，人类祈祝丰产时，在新播种的地里进行性交，以期可以刺激植物的生长。原始人可能意识到了什么。另外，植物对在摇曳着烛光的房间里讲鬼怪故事也有反应。在故事的某些情节中，例如"森林中鬼屋子的门缓缓打开"，或者"一个手中拿刀子的怪人突然在角落出现"，或者"查尔斯弯下腰打开棺材盖子"等等，植物似乎特别注意。沃格尔的实验和事实证明，植物也可以对在座人员虚构想像力的大小作出反应。沃格尔的研究为植物界打开了一个新领域。植物王国似乎能够揭示出任何恶意或善意的信息，这种信息比用语言表达的更为真实。这种研究，其意义无疑是深远的，但怎样进一步开发它，让它为人类服务，还是一个远未解决的问题。

植物也会欣赏音乐

这是一株番茄，在它的枝干上还悬着个耳塞机，靠近它可以听到里面正传出悠扬动听的音乐。奇迹出现了，这株番茄长得又高又壮，结得果实也又多又大，原来番茄也喜欢听音乐呢。

番茄

那么，它到底喜欢听哪种音乐呢？人们继续做实验，有的播放摇摆乐曲，有的播放轻音乐，结果发现，听了舒缓、轻松音乐的番茄更为茁壮；而听了喧闹、杂乱无章音乐的番茄则生长缓慢，甚至死去。原来番茄也有对音乐的喜好和选择。

不仅是番茄，几乎所有的植物都能听懂音乐，而且在轻松的曲调中茁壮成长。

专家发现，甜菜、萝卜等植物都是"音乐迷"。有的国家用"听"音乐的方法培育出了 2.5 千克重的萝卜、小伞那样大的蘑菇、27 千克重的卷心菜。有位园艺家栽培一棵红番茄，让它每天"欣赏" 3 小时音乐，结果它很快长到 2 千克！

植物听音乐的原理是什么呢？原来那些舒缓动听的音乐声波的规则振动，使得植物体内的细胞分子也随之共振，加快了植物的新陈代谢，从而使生长加速起来。

在农田里播放轻音乐就可以促进植物的成长而获得大丰收，

这也许不再是遥远的事情了。

植物的防御武器之谜

　　全世界人们已经知道的植物有 40 万种。尽管它们随时都面临着微生物、动物和人类的欺凌，却仍然郁郁葱葱、生机勃勃，生活在地球的每一个角落。植物虽然是一些花草树木，但也有一套保护自己的方法和防御武器。

　　我们到野外旅游的时候，总有一种感受，就是在进入灌木丛或草地时，要注意别让植物的刺扎了。北方山区酸枣树长的刺，就挺厉害。酸枣树长刺是为了保护自己，免遭动物的侵害。别的植物长刺也是这个目的。就拿仙人掌或仙人球来说吧，它们的故乡本来在沙漠里，由于那里干旱少雨，它的叶子退化了，身体里贮存了很多水分，外面长了许多硬刺。如果没有这些刺，沙漠里的动物为了解渴，就会毫无顾忌地把仙人掌或仙人球吃了。有了这些硬刺，动物们就不敢碰它们啦。田野里的庄稼也是这样，稻谷成熟的时候，它的芒刺就会变得更加坚硬、锋利，使麻雀闻到稻香也不敢轻易地吃它一口，连满身披甲的甲虫也望而生畏。植物的刺长得最繁密的地方，往往是身体最幼嫩的部分，它长在昆虫大量繁殖之前，抵御动物和昆虫的伤害。抗虫小麦和红叶棉身上的刚毛，让害虫寸步难行，无法进入花蕾掠夺。在非洲的卡拉哈利沙漠地带，生长着一种带刺的南瓜，当它受到动物侵犯的时候，它的刺就会插进来犯者的身上，因此许多飞禽走兽见到它，就主动躲开了。植物身上长的刺，就像古代军队使用的刀剑一样，是一种原始的防御武器。

　　比起它们来，蝎子草的武器就先进多了。这是一种草麻科植物，生长在比较潮湿和阴凉的地方。蝎子草也长刺，但它的刺非常特殊，刺是空心的，里面有一种毒液，如果人或动物碰上，刺就会自动断裂，把毒液注入人或动物的皮肤里，引起皮肤发炎或瘙痒。这样一来，野生动物就不敢侵犯它们了。

植物体内的有毒物质，是植物世界最厉害的防御武器。龙舌兰属植物含有一种类固醇，动物吃了以后，会使它的红血球破裂，死于非命。夹竹桃含有一种肌肉松弛剂，别说昆虫和鸟吃了它，就是人畜吃了也性命难保。毒芹是一种伞形科植物，它的种子里含有生物碱，动物吃了，在几小时以内就会暴死。另外，乌头的嫩叶、黎芦的嫩叶，也有很大的毒性，如果牛羊吃了，也会中毒而死；有趣的是，牛羊见了它们就躲得远远的。巴豆的全身都有毒，种子含有的巴豆素毒性更大，吃了以后会引起呕吐、拉肚子，甚至休克。有一种叫"红杉"的土豆，含有毒素，叶蝉咬上一口，就会丧命。有的植物虽然也含有生物碱，但只是味道不好吃，尝过苦头的食草动物就不敢再吃它了。它们使用的是一种威力轻微的"化学武器"，是纯防御性质的，不会主动攻击动物和人类。

为了抵御病菌、昆虫和鸟类的袭击，除了长刺以外，一些植物长出了各种奇妙的器官，就像我们人类的装甲一样。比如番茄和苹果，它们就用增厚角质层的办法，来抵抗细菌的侵害；小麦的叶片表面长出一层蜡质，锈菌就危害不了它了。抗虫玉米的装甲更先进，它的苞叶能紧紧裹住果穗，把害虫关在里面，叫它们互相残杀，弱肉强食，或者把害虫赶到花丝，让它们服毒自尽。

有的植物还拥有更先进的生物化学武器。它们体内含有各种特殊的生化物质，像蜕皮激素、抗蜕皮激素、抗保幼激素、性外激素。昆虫吃了以后，会引起发育异常，不该蜕皮的，蜕了皮；该蜕皮的，却蜕不了皮；有的干脆失去了繁殖能力。20多年来，科学家曾对1300多种植物进行了研究，发现其中有200多种植物含有蜕皮激素。由此可见，植物世界早就知道使用生物武器了。

古代人打仗的时候。为了防止敌人进攻，就在城外挖一条护城河。有一种叫续断的植物，也知道使用这种办法来防御敌人。它的叶子是对生的，但叶基部分扩大相连，从外表上看，它的茎好像是从两片相接的叶子中穿出来一样，在它两片叶子相接的地方形成一条沟，等下雨的时候，里面可以存一些水。这样一来，就如同形成了一条护城河，如果害虫沿着茎爬上来偷袭，就会被淹死，从而保护了上部的花和果。

在军事强国正在研制的非致命武器中，有一种特殊的粘胶剂，把它洒在机场上，可以使敌人的飞机无法起飞；把它洒在铁路上，可以使敌人的火车寸步难行；把它洒在公路上，可以使敌人的坦克和各种军车开不起来……以此可以达到兵不血刃的效果。让人惊奇的是，自然界有一种叫瞿麦的植物，也会使用这种先进武器。这种植物特别像石竹花，当你用手拔它的时候，会感到黏糊糊的。原来在它的节间表面，能分泌出一种黏液，像涂上了胶水一样。它可以防止昆虫沿着茎爬上去危害瞿麦上部的叶和花。当虫子爬到有黏液的地方，就被黏得动弹不得了，不少害虫因此丧了命。

有趣的是，在这场植物与动物的战争中，在植物拥有各种防御武器的同时，动物们并没有坐地兴叹，也不会束手无策。一些聪明的动物也相应地发展了自己的解毒能力，用来对付植物，像有些昆虫就能毫无顾忌地大吃一些有毒植物。当昆虫的抗毒能力增强了的时候，又会促使植物发展威力更强大的化学武器。

这些植物是怎样知道制造、使用和发展自己的防御武器呢？它们又是怎样合成的呢？目前还没有一个定论。

探索和揭开这里面的奥秘，是非常有意义的和有趣的事情。

"胎生"植物趣话

猪、牛、马、兔等哺乳动物以及人类是依靠怀胎来繁殖后代的。你知道吗，植物竟然也有"胎生"的。

在中国广东、海南、福建和台湾沿海地区有一种奇特的红树林。

汹涌澎湃的海浪冲刷着海岸，似乎要把一切都摧垮，而红树林却顽强地生存下来，成为与海潮作抗争的先锋。红树林并非红色，而是包括红树、红茄冬、海莲、海桑等10几种常绿乔木、灌木和藤本植物。只是人们从木材及树皮内可提炼一种红色染料，从而人们把这类植物都叫做红树。

红树植根于浅海里的沙滩上，各种支柱根、板状根、呼吸根、蛇状根纵横交错，为抵抗海潮的拍击打下了坚实的"地基"。而露于海面之上郁郁葱葱的枝叶，则连成一道守卫海岸的绿色长城。

生长于海岸边的红树

红树喝的是海水，海水含盐度很高，幸好在它的叶子表面有专门排出盐分的盐腺。为了珍存靠自己渐渐淡化出来的那点淡水，红树的叶子上有一层厚厚的蜡质，防止了水分蒸发。

由于红树生存的特殊环境，为了繁衍下去，它采取了一种独特的"生育"方法——"胎生"。

生长在海滩的红树植物，种子成熟后如果马上脱落，就会坠入海中，被无情的海浪冲走。它们在与大自然长期斗争中，获得了一套适应海滩生活的本领。它们的种子成熟之后，不经休眠，直接在树上的果实里发芽。在红树的枝条上，常常可以看到一条绿色的小"木棒"悬挂着，这就是它的绿色"胎儿"。

当绿色的"胎儿"从母树体内吸取营养长到了30厘米时，就脱离母体"分娩"了。由于重力的作用，一个个幼小的"胎儿"从母树上扑通扑通地往海滩上跳，很快地掉入海滩的淤泥之中，从此，年轻的幼苗有了立足之地，成了独立生活的小红树。

如果幼小"胎儿"从树上往下跳时正逢涨潮之际，它们就会随波逐流浮向别处。一旦海水退去，它们就很快扎根于海滩并向上生长，长成小红树。红树植物凭借着特殊的"胎生"方式，使它们的子孙后代遍布热带海疆。

"胎生"植物除了红树以外，还有纤毛隐棒花、红海榄、红茄冬、秋茄树、桐花树、佛手瓜和胎生早熟禾等植物。

植物学研究拾零

最早创造植物分类法的科学家是中国明代医学家李时珍，他的巨著《本草纲目》共载药物1892种，归纳为60类。这种植物分类法比瑞典植物分类学家林奈提出的类似分类法要早150年。

最早创立植物双名命名法的科学家是瑞典植物分类学家林奈，距今200多年，全世界通用，一般用拉丁文书写，第一个名字为属名，好比我们的姓；第二个名字是种名，好比我们的名一样。

世界最大的植物标本馆是法国巴黎国立自然博物馆，拥有标本600万个。

世界上最早的植物标本馆是1545年建立于意大利利巴图大学的标本室。

美丽的花朵

中国植物资源最丰富的省份是位于中国西南部的云南省，素有"植物王国"和"植物宝库"之称。全省约有植物1.5万种，占全国植物种类的1/2。世界上发现的野生植物，几乎在云南都可以找到它的踪迹。中国许多的植物研究机构都设在云南省。

植物也有翅膀吗

"天高任鸟飞"，说的是鸟类因长有善飞的翅膀而能任意翱翔在天空。那么植物有没有能自由飞翔的能力，有没有翅膀呢？

桦树林

许多植物的果实也长有"翅膀"，凭借"翅膀"，它们成了"飞行员"。植物的"飞行装备"还相当不错呢，有的是翅膀或翅膜，有的是针芒，有的是羽毛或绒毛。有飞行装备的果实、种子随风运送到遥远的地方安家落户。榆树和枫杨树在初夏开出黄绿色的花朵，到秋天才结实。枫杨树的果实上长着两只翅膀，一左一右，风一起，它们就像灵巧的燕子飞上天空。榆的翅果上则长着两张翅膜，大风一刮，便纷纷离开榆树，随风飞到很远的地方。这些长翅膀的果实或种子极轻，飞起来相当轻松。

科学家专门观察、研究了长翅膀的果实和种子，发现桦树的翅果能飞到1千米以外的地方；长着酷似船帆翅膀的云杉种子能飘到10千米以外。果实或种子上长"翅膀"的植物种类非常多。

如百合和郁金香的种子本身就长成薄片状，在风里像滑翔机一样滑翔；白蜡树和樗树的种子长着翅状突起物，好似长翼的歼击机；蒲公英种子头上长了一圈冠毛，风把它托得高高的，瘦果垂在下面，像一顶降落伞；生长在草原上的羽毛，果实顶上长着羽毛，被风吹很远，风停了，它就像降落伞一样竖直落地；颖果旋转着插入土中。有些植物种子本身的分量非常轻，风一刮，就像长了翅膀一样到处飞，例如列当属的植物，每粒种子的重量不超过 0.001 毫克，小得像灰尘；梅花草的种子，每粒只有十万分之三克；天鹅绒兰的种子更轻，每粒仅重五十万分之一克，微风一吹，它们都会飞到很远很远的地方。

许多植物经长期的自然选择，它的果实或种子成为"飞将军"，让风力帮助它繁衍后代，这真是大自然优胜劣汰，自然选择的又一体现。

植物的性突变

人有男女之分，动物有雌雄之别。可是植物却不一样，绝大部分植物都是雌雄一体的，就是一株植物体上既有雄性的器官，又有雌性的器官。花里的雄蕊和雌蕊就是显花植物的繁殖器官。根据它们的着生部位，显花植物可以分为三大类：一是雌雄同花，如小麦、水稻、油菜等；二是雌雄同株异花，如玉米、黄瓜等；三是雌雄异株，如银杏、杨柳、开心果树等。第三类植物的雄花和雌花分别长在不同的植株上，因此，是有性别的。银杏树就是这样，雌树开雌花，里面长着雌蕊；雄树开雄花，里面长着雄蕊。雌树结果，雄树不结果。如果只有一株银杏树，那就不能传粉，也就无法结出果实和种子来。

鱼类、昆虫、软体动物世界中，一些个体会在性别上产生扑朔迷离的变化，这叫动物的性变。植物一般是不会产生性变的，不过也有例外。雌雄异株的三叶天南星及其某些"近亲"，既是

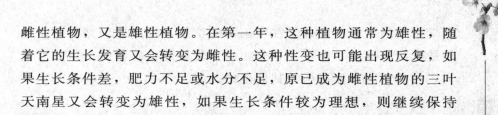

雌性植物，又是雄性植物。在第一年，这种植物通常为雄性，随着它的生长发育又会转变为雌性。这种性变也可能出现反复，如果生长条件差，肥力不足或水分不足，原已成为雌性植物的三叶天南星又会转变为雄性，如果生长条件较为理想，则继续保持雌性。

当然，植物的这种性变是有着十分重要的生态意义。在生长条件差的条件下，即使属雌性的植物也没有足够的能量来开花结果，这将意味着绝代，但转变为雄性，倒可以产生一些相对需要能量较少的花粉，以增加传宗接代的生存机会。

当然，在植物王国中，这种性变的机制远非如此明显。美国波士顿大学的 R·普里马克、C·麦考尔两位植物学家发现，红枫树——一种生长在北美洲的最普通树木——有异乎寻常的性变情况。根据传统常识，红枫树有时呈雌性，有时呈雄性，有时却雌雄同株。这两位学者在 7 年中考察了麻省的 79 棵红枫树，他们记录了每年每棵树的性别与开花的数量。

考察结果表明，大多数红枫树一直为雄性。但其他 4 棵雄性红枫树会开出一些

红枫树

雌性的花。18 棵雌性红枫树中的 6 棵，却会开出少量雄性花。最后两棵红枫树却扑朔迷离，雌雄莫辨，它们每年在雌性与雄性之间会发生戏剧性的变化。植物的这种性转变，意味着什么呢？

如果红枫性变的机制如同上述的三叶天南星，那么这种雌雄

同株植物的个体应该大于性别正常的植物，因此它们需要更多的能量来产生性变。但事实并非如此，雌雄同株植物的个体并非很大，一般情况下反而小于其他植物。

植物的"出汗"之谜

夏天的早晨，你到野外去走走，可以看到很多植物叶子的尖端或边缘，有一滴滴的水珠淌下来，好像在流汗似的。有人说这不是露水吗？

滴下来的真是露水吗？让我们来细心地观察一番再作确定吧。如果你用手去轻轻地掰叶片，你会发现，那亮晶晶的水珠慢慢地从植物叶片尖端冒出来，逐渐增大，最后掉落下来；接着，叶尖又重新冒出水珠，慢慢增大，最后掉落下来；接着，叶尖又重新冒出水珠，慢慢增大，以后又掉了下来……一滴一滴地连续不断。

显然，这不是露水，因为露水应该满布叶面。那么，这些水珠无疑是从植物体内跑出来的了。

清晨的露水

这是怎么回事呢？原来，在植物叶片的尖端或边缘有一种小孔，叫做水孔，和植物体内运输水分和无机盐的导管相通，植物体内的水分可以不断地通过水孔排出体外。平常，当外界的湿度高，气候比较干燥的时候，从水孔排出的水分就很快蒸发散失了，因而我们看不到叶尖上有水珠积聚起来。如果外界的温度很高，湿度又大，高温使根的吸收作用旺盛，湿度过大抑制了水分从气孔中蒸散出去，这样，水分只好直接从水孔中流出来。在植物生理学上，这种现象叫做吐水现象。吐水现象在盛夏的清晨最容易看到，这是由于白天的高温使根部的吸水作用变得异常旺盛，而夜间蒸腾作用减弱，湿度又大。

"出汗"的花朵

　　植物的吐水现象，在稻、麦、玉米等禾谷类植物中经常发生。芋芳、金莲花等植物上也很显著。芋芳在吐水最旺盛的时候，每分钟滴下190多滴水珠，一个夜晚可以流出10～100毫升的清水呢！

　　木本植物的吐水现象就更奇特了。在热带森林中，有一种树，在吐水时，滴滴答答，好像在哭泣似的，当地居民干脆把它叫做"哭泣树"。中美洲多米尼加的雨蕉也是会"哭泣"的。雨蕉在温度高、湿度大、水蒸气接近饱和及无风的情况下，体内的水分就从水孔溢泌出来，一滴滴地从叶片上降落下来，当地人把雨蕉的这种吐水现象当作下雨的预兆。"要知天下雨，先看雨蕉哭不哭",因此,他们都喜欢在自己的住宅附近种上一棵雨蕉,作为预报晴雨之用。自然界中的这些奇妙现象是多么有趣!

植物变色之谜

地球上的植物大约有 40 多万种,它们的颜色是五彩缤纷的。这是为什么呢,原来植物身上有三大"法宝"——卟啉、类叶色素和黄酮类(花青素),这三种物质相互变化就会派生出各种颜色来的。

我们先来看看卟啉类物质的颜色,它是绿色植物的基础物质。例如,植物体通常含有的叶绿素 A 和叶绿素 B 等都是卟啉类化合物,一切绿油油的植物颜色都是它的贡献,它可以在日光下合成,也可以在日光下分解。

类叶色素有三个同分异构体,都是有颜色的物质,主要存在于植物的叶子和果实中,在没有光照下,植物也能合成它。但是,它有一个特性,植物一旦合成了它就不易分解,植物某些部分有固定的颜色大都是它的贡献。

黄酮类又称花

美丽的花朵

青素,它是决定花色的基础物质,五彩缤纷的花色就是它的贡献。它性格活泼好动,颜色常随外界的条件,如酸碱性和光照等的变化而变化。

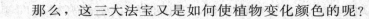

那么，这三大法宝又是如何使植物变化颜色的呢？

人们都知道，植物在幼苗时叶子呈黄绿色，长大后叶子变深绿色，到了秋冬又枯黄了。那么，植物叶子的这种颜色的变化，其化学机制是怎样的呢？

原来，植物初生嫩叶时，光合作用能力较弱，合成叶绿素的能力相应较低，而合成黄色类叶色素的力量稍强。由于黄色的类叶色素和绿色的叶绿素混合在一起，因而初生幼苗叶子都呈黄绿色。夏天到了，植物也逐渐长大，合成叶绿素的能力大大增强，叶子中叶绿素的含量大大增加，此时叶子就变成郁郁葱葱的深绿色了。到了秋冬，光照减弱，叶子合成叶绿素又相对减少，加上此刻植物体内的某些酶又出来分解叶绿素，而类叶色素一旦形成就不易分解，因而，一到冬天，除常绿植物外，其他植物的叶子都变枯黄了。

可是，并不是所有植物叶子都符合上述变化规律。例如枫叶，由绿变成红再变黄；又如红苋菜的叶子，一开始就是红的。当然，这也可用上述三大法宝关系去解释，它的叶子含类叶色素和花青素特别多，因而，一开始就呈现红色。

叶子可以变成红色的枫树

花的颜色多样，变化也较复杂，有的同类植物却开出不同颜色的花朵，也有同一株植物早晚开的花颜色不一样。但是，万变不离其宗，这都是花青素在不同条件下，呈现不同颜色的缘故。

　　花青素的化学性质活泼，可以跟植物体内的金属离子结合，或者受植物体液酸碱度影响而呈现不同颜色。例如，把红色牵牛花泡在肥皂水中，就会变成蓝色，随着再把它浸到食醋中，它又会恢复红色。同一种花，由于品种不同，花内体液酸碱度不同，因而开不同颜色的花。此外，有的植物花色和日光的强弱有关。例如，芙蓉花上午开白花，中午变粉红，这是花青素在不同太阳光强度下，呈现不同的化学结构，从而产生不同颜色之原因。

　　现在再看植物果实颜色的变化。以桃子为例，桃子初结的时候呈绿色，长大后光照面呈红色，成熟时呈黄色。这个有规律的变化也是叶绿素和类叶色素联合变的"戏法"。由于果实初结时，需要大量糖类化合物，叶绿素是合成糖类化合物的能手，因而植物初结果时，果实里的叶绿素占主要优势，这就是几乎一切果实初结时都呈绿色的缘故。后来，植物果实长到了一定大时，就会逐渐放出催熟激素——乙烯，它是不利于叶绿素合成而有利于类叶色素合成的，而强光对合成类叶色素也颇有利，因此，光照一面的果实，类叶色素稍多，常呈红色。果实成熟后，基本上停止叶绿素的合成，呈黄色的类叶色素就大量合成出来，果实就变黄了。果实腐烂变褐黑色是由于果实膨胀裂开，使果肉接触空气，其所含的氧化酶帮助空气氧化催化果实内有机化合物，氧化成黑色的醌类化合物。当然也不是所有植物的果实都符合上述规律，例如西瓜就内红外绿，番茄成熟后全身都显红彤彤的，这也是类叶色素在不同条件下所引起的。

　　植物的颜色变化仍有许多谜有待揭开，例如，植物体是怎样根据自身需要，在不同时间合成三大法宝的？为什么花青素只在花里存在，而在其他器官几乎极少发现呢？

植物的冷暖感应能力

　　植物能从气温的升高感知季节的变化。但是，如果仅取决于这一点，那么，植物就会把严冬季节中几天短暂的回暖误认为是春天来了。这种错误的信号对植物是有害的。因此，人们认为植物是依据千变万化的环境信息来确定时令。而且，不同的植物，甚至同一植物的不同部分，可能会对不同的信息有反应。

山峦上冬季的树林

　　许多树的胚芽必须在积累了一定的"冷量"之后才能对气温升高，或者日照变长等代表春天的信息有所反应。例如，不同品种的苹果胚芽需要在接近冰点的气温下度过 1000 到 1400 小时才能发芽。科学家已经发现，如果一棵丁香树上只有一个胚芽积累了足够的"冷量"，那么，就只有这一个芽会开花。

　　许多种子都有外壳或种皮。当春天来临的时候，它们的外壳和种皮因冬天的气候影响而脱落或破损了，这使萌发所需要的水和氧气得以进入种子里面；剥去种皮还能使种子萌芽时不受束缚，也去除了其中可能含有的某种抑制生长的化学物质。

使得许多植物年年都在同一时间开花的另一种机制称为光周期现象。当植物的叶片感受了它所合适的昼夜长度周期后，叶片就会分泌出促使形成花芽的物质，并随光合产物输送到花的生长点，接到这信息之后，植物就在春天绽开了花蕾。

植物的苦辣酸甜

生活中的酸甜苦辣，太多是我们自己制造和选择的，而植物及其果实、种子的酸甜苦辣，确实是天然生成的。甜甜的蜜橘、酸酸的葡萄、苦苦的黄连、辣辣的尖椒，我们之所以能感受到这么多的味道，一方面是由于我们舌面上有味蕾感受器，另一个原因是由于植物本身就有酸甜苦辣的独特味道。为什么像蔬菜、水果能有各自的味道呢？这是它们本身所含的化学物质的作用。

首先说说酸，就说能酸倒牙的酸葡萄吧，它含有一种叫酒石酸的物质，还有酸苹果所含的是苹果酸，酸橘中所含的是柠檬酸等等，与之相对应的人的酸觉味蕾是分布于舌前面两侧，因而那酸溜溜的感觉总是从舌边上发出来。

有甜味的植物是由于体内含有糖分，比如葡萄糖、麦芽糖、果糖、丰乳糖、鼠李糖和蔗糖等。这里边甜味最大的则非果糖莫属，而且果糖更利于被人体消化吸收；其次是蔗糖，以蔗糖为主的甘蔗、甜菜吃起来都很甜。感受甜味的甜觉味蕾分布在人的舌尖上，如果想知道某种水果甜不甜，用舌尖舔舔就清楚了。

许多苦涩的植物是由于它们含有生物碱的缘故，像以苦闻名的黄连，它就含有很多的黄连碱；黄瓜、苦瓜发苦是它们含有酸糖体的缘故。而苦觉味蕾多分布于人的舌根处，当吃过苦的食物后，那苦涩滋味就在人的喉咙里经久不散了。

接着再说说可以令人满头冒汗的辣。植物的辣味，原因复杂。辣椒的辣是因其含有辣椒素；烟草的辣，是因其含有烟碱；生萝卜的辣，是其中含有一种芥子油；生姜的辣是姜辣素作用的结果；而大蒜含有一种有特殊气味的大蒜辣素。对辣的感觉是各味蕾共同作用的结果，因而吃辣的食物就能满口生辣。

植物的酸甜苦辣，真的让人的舌头回味无穷。

植物有没有"语言"

在人们的眼里，植物似乎总是默默无闻地生活着，不管外界条件如何变化，它们永远无声地忍受着。

但是，到 20 世纪 70 年代，一位澳大利亚科学家发现了一个惊人的现象，那就是当植物遭到严重干旱时，会发出"咔嗒、咔嗒"的声音。后来通过进一步的测量发现，声音是由微小的"输水管震动"产生的。不过，当时科学家还无法解释，这声音是出于偶然，还是由于植物渴望喝水而有意发出的。如果是后者，那可就太令人惊讶了，这意味着植物也存在能表示自己意愿的特殊语言。

不久之后，一位英国科学家米切尔，把微型话筒放在植物茎部，倾听它是否发出声音。经过长期测听，他虽然没有得到更多的证据来说明植物确实存在语言，但科学家对植物"语言"的研究，仍然热情不减。

1980 年，美国科学家金斯勒和他的同事，在一个干旱的峡谷里装上遥感装置，用来监听植物生长时发出的电信号。结果他发现，当植物进行光合作用，将养分转换成生长的原料时，就会发出一种声波信号。了解这种信号是很重要的，由于只要把这些信号译出来，人类就能对农作物生长的每个阶段了如指掌。

金斯勒的研究成果公布后，引起了许多科学家的兴趣。但他们同时又怀疑，这些电信号的"植物语言"，是否能真实而又完整地表达出植物各个生长阶段的情况，它是植物的"语言"吗？

1983 年，美国的两位科学家宣称，能代表植物"语言"的也许不是声音或电信号，而是特殊的化学物质。由于他在研究受到害虫袭击的树木时发现，植物会在空中传播化学物质，对周围邻近的树木传递警告信息。

后来，英国科学家罗德和日本科学家岩尾宪三，为了能更彻底地了解植物发出声音的奥秘，特意设计出一台别具一格的"植物活性翻译机"。这种机器只要接上放大器和合成器，就能够直接听到植物的声音。

这两位科学家说，植物的"语言"真是很奇妙，它们的声音常常伴随周围环境的变化而变化。例如有些植物，在黑暗中突然受强光照射时，能发出类似惊讶的声音；当植物遇到变天刮风或缺水时，就会发出低沉、可怕和混乱的声音，仿佛表明它们正在忍受某些痛苦。在平时，有的植物发出的声音好像口笛在悲鸣，有些却似病人临终前发出的喘息声，而且还有一些原来叫声难听的植物，当受到适宜的阳光照射或被浇过水以后，声音竟会变得较为动听。

罗德和岩尾宪三充满自信地预测说，这种奇妙机器的出现，不仅在将来可以用作植物对环境污染的反应，以及对植物本身健康状况的诊断，而且还有可能使人类进入与植物进行"对话"的阶段。当然，这仅仅是一种美好的设想，目前还有许多科学家不承认有"植物语言"的存在。

植物体温的变化

人类有恒定的体温，如果生病了，或者遇到特殊的环境情况，人类的体温才会发生变化。你知道植物也有体温，而且体温会变化吗？植物的不同部位器官，其体温也不一样。

植物的体温为什么会变化呢？原来，植物的生长离不开阳光、空气、土壤里的养分，体温的变化是同外界的条件息息相关的。白天，植物的叶温主要是靠蒸腾作用来调节的。当土壤里含水充足时，蒸腾作用较强，叶温降低；而当土壤里水分不足的时

盘根错节的大树

候，叶子得不到充分的水分，在阳光下，叶片因失水过多而不得不关闭气孔，蒸腾作用就减弱，叶温就升高了。

因此，从观测植物体温的变化，可以判断出农作物是否缺水。

令人吃惊的是，生病的树木与人一样也会发烧。所不同的是，病树早晨发烧的温度往往比其他时候高，而人生病时却往往是晚间发烧厉害，清晨容易退烧。

病树为什么会发烧呢？原来，树木生病后，树根吸收水分的能力就会下降，整个树木得不到所需要的水分，树温就会相应地升高了。

根据病树会发烧这个现象，人们可以根据温度来判断哪片森林有病，从而及时采取有效的"治疗"措施。

植物也会睡觉

人和动物需要睡眠，植物也不例外。例如公园中常见的合欢树，它的叶子由许多小羽片组合而成，在明媚的阳光下，舒展而又平坦。可一到夜幕降临时，那无数小羽片就成对成对地折合关闭，好像被手碰撞过的含羞草叶子，全部合拢起来，这就是植物睡眠的典型现象。

花生也是一种爱睡觉的植物，它的叶子从傍晚开始，便开始慢慢向上关闭，表示白天已经过去，它要睡觉了。有的时候，我们在野外还可以看见一种开紫色小花、长三片小叶的红三叶草，它在白天有阳光时，每个叶柄上的三片小叶都舒展在空中，但到了傍晚，三片小叶就闭合在一起，垂下头来准备睡觉。以上仅仅是一些常见的例子，植物世界中会睡觉的植物还有很多很多，如酢浆草、白屈菜、含羞草、羊角豆等。

植物睡眠，的确是一种有趣的现象，它在植物生理学中被称为睡眠运动。那么植物的睡眠运动会对植物本身带来什么好处呢？这也是科学家们最关心的问题，尤其最近几十年，他们围绕着睡眠运动的问题，展开了广泛的研究和讨论。

生物学家达尔文是最先提出睡眠运动的人，之后许多生物学家也纷纷提出论点并加以研究。随着研究的日益深入，种种理论观点虽然各有特点，但都不能圆满解释植物的睡眠运动。正当科学家们感到困惑的时候，美国科学家思瑞特进行了一系列有趣的实验，提出了一个新的解释。他用一根灵敏的温度探测针，在夜间测量多花菜豆叶片的温度，结果发现，呈水平方向（不进行睡眠运动）的叶子温度，总比垂直方向（进行睡眠运动）叶子的温度要低 1℃ 左右。恩瑞特认为，正是这仅仅 1℃ 的微小温度差异，已成为阻止或减缓叶子生长的重要因素。因此，在相同的环境中，能进行睡眠运动的植物生长速度较快，与那些不能进行睡眠运动的植物相比，它们具有更强的生存竞争能力。今天，植物睡眠运动的本质已不断被揭示，但还远远不够，科学家们正在这个令人着迷的研究领域中，进行着新的探索和努力，希望获得新的发现。

植物大多为绿色的奥秘

草木为什么多是绿色的，许多科学家都想揭开这个奥秘。

不久前，英国皇家学院的戈尔兹华西博士提出了一个很有趣的设想，他认为最初使光合作用进化的是一种具有细菌视紫质色素的细菌类。该色素可吸收各种可见光，尤能吸收属于中间波长的绿光。因此，新的光合生物若要进化，就必须利用细菌视紫质型光合生物没有利用的红光和蓝光，这样就出现了具有叶绿素的生物。

由于细菌视紫质型的光合作用是非常原始的，不能利用二氧化碳，利用的是原始海洋中形成和堆积的有机质。因此，随着有机质的减少，细菌视紫质型光合生物便开始利用原来不能利用的绿光，同时促进红色胡萝卜素、黄色叶黄素等类色素的进化。生长在光线难以到达的海底的红藻类，带有藻红素等非常有效的色素，几乎可以利用一切波长的可见光，因而呈近乎黑色的"理想"颜色。陆上植物和接近水面的绿藻类，由于光线充足，几乎没有利用中间波长的光线，因而这类植物至今仍然呈绿色。

奇异的植物繁殖

自从 1865 年，英国植物学家虎克在显微镜下看到了软木的死细胞以来，科学家们对植物细胞已经作了相当详细的研究。

人们知道，植物细胞的种类很多，它们具有不同的形状，能行使不同的功能。植物细胞的形状与其在植物体内承担的功能有关。如薄壁细胞具有吸收、贮藏、通气和营养作用，因而它们呈球形、星芒状或多边形；导管细胞、筛管细胞和管胞，它们在植物体内输导水分和养料，因而它们呈长管状；纤维细胞和石细胞都起支持作用，因而它们的形状多半呈纺锤状或球状；而起保护作用的表皮毛则多半呈刺状……可是，科学家发现，不管形状如何多变、功能如何复杂，一个植物细胞在适宜的条件下总能发育成一个完整的植株。

20世纪初，德国植物学家哈勃伦脱曾大胆设想：用一个植物细胞培养出幼小的植物，可惜因条件限制失败了。20世纪50年代，美国科学家斯蒂瓦特用胡萝卜根部细胞，在培养基中首次成功地培养出完整的胡萝卜植株，开创了植物细胞和组织培养的新纪元。目前，植物学家已经对1000多种高等植物作了离体培养的尝试。实践证明，利用离体培养的方法，单个植物细胞完全能长成一群细胞，最终培育成完整的植物。

单个植物细胞为什么能分为成根、茎、叶、花、果实和种子等器官呢？这是由于所有的植物细胞都是由受精卵分裂产生的，受精卵含有植物所特有的全部遗传信息，因此，虽然植物体内细胞的外形、结构、生理特点不尽相同，但它们都具有相同的、完整的遗传物质。环境的束缚使它们不得不表现出特定的形态和功能，一旦脱离母体，摆脱束缚，它们就可能在一定的营养和激素作用下激发原先的遗传潜力，使细胞分化出组织、器官，最后发育成完整的新植株。人们还注意到：在不同时期必须给离体细胞不同的环境，这样才能使细胞按照一定的程序长成完整的、具有一定形态和生理特性的植物。

可是，并不是所有的植物细胞在离体培养时都能发育成新个体。科学家认为，这跟培养基和激素的类型、取用细胞的部位以及光照、温度等有关。当前，人们只是根据经验和偏爱选择离体细胞的培养条件，等到摸索出科学规律后，离体细胞的培养就将更成熟。到那时，或许所有植物细胞都能培养出完整的植株了。

植物预报地震、火山爆发

植物生理学家发现，有些植物不仅能对外界变化作出相应反应，而且还具有一套预测灾祸，如地震、火山爆发的独特本领。

宁夏回族自治区西吉1997年发生过一次地震，震前30天，在离震中66千米的隆德，蒲公英在初冬季节开了花。长江口外东海海面，1972年发生过一次地震，震前上海郊区田野里的芋藤突然开花，十分罕见。辽宁省的海域1976年2月初发生过一次强烈地震，地震前的两个月，那里有许多杏树提前开了花。唐山地震发生前，唐山市、天津郊区的一些植物出现了异常现象：柳树枝梢枯死，竹子开花，有些果树结了果实后再度开花。四川的松潘、平武地区1976年发生过一次强烈地震，地震前夕，"熊猫之乡"的平武地区出现了植物的

可以预报地震的玉兰花

异常现象：熊猫赖以生存的箭竹突然大面积开花，许多箭竹开花死去；一些玉兰开花后又奇怪地再次开花，桐树大片枯萎而死。

在国外也出现了类似的现象：印度的一种甘蓝，不仅会预报恶劣天气，还会以长出新芽来，警告即将发生地震。1976年，日本地震预报俱乐部的会员也在震前屡次观察到含羞草的小叶出现了反常闭合状态：通常在白天含羞草的叶子张开，到夜晚它就闭合了；而在地震前夕，白天它的叶子闭合起来，晚上反而半张半开了。

有一位名叫鸟山的日本学者，专门研究植物如何预测地震。他选择合欢树作为对象，用高灵敏度的记录仪器，测量合欢树的电位变化。

经过几年努力，鸟山惊奇地发现，在打雷、火山爆发、地震等自然现象发生之前，合欢树内会出现明显的电位变化和突然增强的电流。例如，他所研究的那棵合欢树，1978 年 6 月 10～11 日突然出现极强大的电流，结果 6 月 12 日下午 5 点 14 分，在树附近地区发生了里氏 7.4 级的地震。10 多天后余震消失，合欢树的电流才恢复正常。1983 年 5 月 26 日中午，日本海中部发生了 7.7 级地震，鸟山教授在震前 20 多小时，又一次观察到合欢树异常的电流变化。

实验表明，合欢树能预测地震，具有相当的可靠性，这给人们准确预报地震提供一条新的途径。

植物预报地震的奥秘何在呢？科学家认为，地震在孕育过程中，由于地球深处的巨大压力，在石英岩中造成电压，这样便产生了电流，分解了岩石中的水，从而产生了带电粒子。在特殊地质结构中，这些粒子被挤到地球表面，跑到空气中，会产生一种带电悬浮粒子或离子。这种变化在一些植物体内得到反应，便产生了异常现象。

嫩芽新叶是红色的原因

春天来了，大地一片新绿，花草树木欣欣向荣。当你仔细观看，会发现许许多多的树木花草的嫩芽新叶多少会带一些红色、紫色等，显得非常可爱，为什么这些嫩芽新叶不是绿色的呢？

我们知道，植物之所以有各种色彩，是由它体内含有的色素决定的。叶子一般都是绿色的，这是由于它含有叶绿素的缘故，可是叶绿素并不是和它的枝芽一起萌动发生的。

在植物枝芽叶绿素产生之前，这些嫩芽新叶为什么不是无色而是红色呢？植物的嫩芽新叶就像初生的婴儿。婴儿是靠母亲的乳汁喂养大的，植物的嫩芽新叶也依靠植物体内其他部分供应养料。当婴儿成长到一定阶段以后，生出了牙齿，就渐渐地有能力

嫩芽

吃各种食物了，植物的嫩芽新叶也是这样，到一定阶段后，叶绿素产生了，自己开始能够制造养料，也就不再需要其他部分供应。有些植物的叶绿素产生得早，嫩芽新叶就绿得快，有的叶绿素产生得迟，嫩芽新叶就绿得迟。

此外，由于植物体内含有一种叫花青素的物质，在叶绿素产生之前，它早就存在着了，花果种种美丽的颜色，基本上都是花青素变的戏法。花青素不仅把花果染成不同颜色，也把嫩叶新芽染成红色、紫色，直到枝芽的叶绿素大量产生，使草木呈现一片葱绿为止。

形形色色的种子

据统计，种子植物的种类约有 20 万种，而种子植物约占世界植物的 2/3 还要多。

种子中的大王应属复椰子了，这种形似椰子的种子可比椰子大得多，而且中央有道沟，像是把两个椰子重合在一起，因而叫

椰子树

它为复椰子。那还是 1000 多年前，在印度洋的马尔代夫国的一些岛上，岛民们在沙滩上看见了这种大个果子。

人们不知这是否是椰子，他们劈开它，吃果肉、喝汁液，发现和椰子差不多，给它取名为"宝贝"。1000 年后人们才明白这是复椰子，是远涉重洋从塞舌尔海岛漂来的。复椰子重约 20 千克，里面的种子则有 15 千克之多，真是大个头了。因此，许多国家的植物博物馆里都把它用作标本。

我们常说"丢了西瓜拣了芝麻"这样的俗语，芝麻的种子要 25 万粒才有 1 千克重，看来芝麻种子是够小的了。烟草的种子要 700 万粒才达到 1 千克重，即 7000 粒才重 1 克。然而这还不是最小的种子，真正的小种子是斑叶兰的种子，200 万粒才重 1 克，轻得如同灰尘。

种子的颜色也包含了世上所有的颜色，而其中约有一半是黑色和棕色。豆科中的红豆，是带有光泽的深红色，它也叫相思豆。它寄托了远隔千山万水的恋人们的相思之情，并流传了许多数不尽的动人故事。

种子有圆有扁，有的长方形，有的竟是三角形或多角形。大多数的种子是比较光滑的，但也有的表面凹凸不平，还有的长着绒毛和"翅膀"，像个小昆虫。谁敢轻视这些小小的种子呢，有时只需一粒，它居然能长成直入云霄的参天巨树。

有的种子寿命特长，有的萌发迅速，几乎是落地生根。在中国辽东半岛挖出的古莲子已有 1000 多岁，剥去坚如磐石的种皮，古莲子居然又能生根、发芽甚至开花。1967 年，加拿大人在北美育肯河中心地区的旅鼠洞中，发现了 20 多粒北极羽扁豆的种子。这些种子深埋在冻土层里，经碳十四同位素测定，它们的寿命至少有 1 万年。在播种试验时，其中有 6 粒种子发芽，并长成了植株。长寿的种子之所以长寿是由于它们有一层坚硬的外壳，即使长时间无水无气它们在里面也安然无恙，而萌芽迅速的种子有时只需一点水就能在几小时内探出头，可以说是抓住任何机会的生长能手。

美丽多姿的叶片

千姿百态的植物给人类许多美好感受，而植物枝条上的片片万紫千红，各式各样的叶儿，也给人们带来了美的享受。

首先来说一说叶子的形状：松针尖利细长，像是万根绿叶簇于枝条；枫叶五角分明像天上星星聚于树端；圆圆的落叶像一只只硕大的玉盘；田旋花叶似十八般兵器中的长戟；剑麻叶像一把把脱鞘而出的利剑；芭蕉叶像片片巨形青瓦，迎着雨声"噼叭"作响；灯芯草叶像

树叶

是一把缝鞋底用的锥子；银杏叶像是一把驱除炎热的折扇；甘薯叶像颗颗跳动的心；柳叶莫不是姑娘笑眼之上的一道弯弯黛眉；鹅掌楸叶子是古时私塾先生披的长大褂；管状的葱叶似古代美人的纤巧手指；藜树叶像是村妇织布用的长梭。智利森林里生长着一种大根乃拉草，它的一张叶片能把三个并排骑马的人连人带马都遮盖住。像这样大的叶子，有两片就可以盖一个五六人住的临时帐篷……叶子的形态说也说不完，而每片叶子都可以勾起人们无边的遐想。

叶子生长的位置也非常有特色：有的是单片生长于茎上，有的则是成双结对，有的数片有规律地交错生长，有的紧贴在地面上。叶子相互错开的角度非常准确，有 120°、137°、138°、144°、180°，从上往下看，可以看到片片叶子互相镶嵌又丝毫没有遮盖，叶子之所以如此巧妙地安排，一方面可使植物受力均衡，再者则是为了最大限度地感受阳光雨露，而且还有对称之美。

夏天绿叶焕发出勃勃生机，秋天则是黄叶扑簌，另有一种美，叶的世界真是美妙极了。

植物致幻之谜

有一些致幻植物，如蘑菇，花草等，人们吃下去以后，能产生特殊的幻觉和心理变异。美国学者就曾在墨西哥古代玛雅文明中发现有致幻蘑菇的记载。后来，人们在危地马拉的玛雅遗迹中又发掘到崇拜蘑菇的石雕。由此可以看出，早在 3000 多年前，生活在南美丛林里的玛雅人就对具有致幻作用的蘑菇产生了充满神秘感的崇敬心理，认为它是将人的灵魂引向天堂、具有无边法力的"圣物"，恭恭敬敬地尊称它为"神之肉"。

还有一种称作墨西哥裸头草的蘑菇，体内含有裸头草碱，人误食后肌肉松弛无力，瞳孔放大，不久就会情绪紊乱，对周围环境产生隔离的感觉，似乎进入了梦境，但从外表看起来仍像清醒的样子，因此所作所为常常使人感到莫名其妙。

除了蘑菇，大麻也有致幻作用。大麻是一种有用的纤维植物，但是在它体内含有四氢大麻醇，这是一种毒素，吃多了能使人血压升高、全身震颤，逐渐进入梦幻状态。还有一种被称为乌羽飞的南美洲仙人掌，体内含有一种生物碱——墨斯卡灵，人吃后1～2小时便会进入梦幻状态，症状通常表现为又哭又笑、喜怒无常。15世纪初，非洲奴隶过着牛马不如的生活，每当痛苦不堪时，一些人就吃下一种肉豆蔻果实。顷刻间，他们就会精神恍惚起来，眼前出现美丽的幻景，从而忘掉自己的悲惨身世和不幸遭遇。还有一种蘑菇，食用后会使

千奇百怪的蘑菇

千万不要乱食野生蘑菇

人出现幻听，觉得空中有人喊他，并不知不觉地奔跑，然后又突然发呆，形同木偶。还有一种致幻植物，中毒后会使患者看到面目狰狞的怪兽。医学研究认为，这些植物中可能含有一种生物碱。人误食这些生物碱后，就会产生幻觉。

植物的气生根

植物的根一般都长在地下，靠众多的根毛源源不断地从土壤中吸收空气、水分和矿物质，供应给整个植株。但也有的根可以在空中生活。这种不定根像一条条绳子悬挂在空中，有呼吸功能，并能吸收空气中的水分，被称为"气生根"。

最常见的榕树气生根有粗有细，粗的如水桶，细的似手指。新长出的气生根较细，以后越长越粗，形成了一根根很粗的树干。那些很粗壮的气生根，直径可达 2 米。这些气生根向下生长入土后便从土壤中吸取养料和水分，还为庞大的树冠起着支撑作用。一棵大榕树的气生根，少则百条，多达千条。这些能支撑树冠的气生根，人们也叫它支柱根。随着气生根的增多，树木从土壤中吸收的养料也越来越多，树冠也长得越来越大。一棵几百年的大榕树可以长成一片大森林。

此外，在兰科植物中，许多种类也具有悬空而长的气生根。长有气生根的植物大多生长在雨量多、气温高的热带雨林区。

植物的寄生虫

在我们人和其他动物的身体内部，都有各种各样的寄生虫，如蛔虫、蛲虫、钩虫等。它们专门依靠吸收人和其他动物体内的营养来养活自己，过着不劳而获的生活。那么，植物身上有没有类似这样的"寄生虫"呢？

秋风萧瑟，树叶飘零，山野里的榆树、桦树、槲树和麻栎树等树上，常有一丛丛绿叶附生在枝干上，远远望去像一个鸟巢。这是怎么回事呢？原来，这是由于有槲寄生植物寄生着。槲寄生是常绿小灌木，结球形浆果，鸟儿很喜欢啄食，由于果肉有很多黏液，里面的种子往往粘在鸟儿嘴上使鸟儿感到不自在，鸟儿便在树枝树缝里左擦右擦，种子便掉在树里。如果鸟儿把果实整个吞下，种子便随着鸟粪排出体外，附在树上时又可以萌发生长。槲寄生的叶子可以进行光合作用制造养料。同时又把根伸到寄生的树木里面吸取水分和营养，因此，属于半寄生植物。

　　而在大豆田里，我们可以见到绿色的豆其上缠绕着黄色的细丝，这是被人称作"催命绞索"的菟丝子。菟丝子完全靠吸收大豆茎内的营养过活，属于全寄生植物，并且，它蔓延得很快，主茎上不断长出新的细茎，把大豆越缠越紧，甚至把大豆的营养全部夺去，导致作物枯萎、变黄，甚至死亡。

　　在自然界里，这些谋求寄生的植物还真不少，中国约有 120 种左右，分为全寄生和半寄生两类。它们除了生命力强、繁殖力旺盛等特点外，在结构上也有一些奇特之处，首先，它们都有起

寄生在树木上的植物

着固着、吸收作用的吸器；其次是长相都比较简单，如菟丝子上有黄褐色的细茎和细小的花。世界上最大的花大王花也是寄生植物，它除了花之外就是一根花柄了。

　　寄生植物的存在虽然影响了农作物的生长，但它们对人类也

有有益的一面。它们大多可以入药，如菟丝子是补肝养肾、益精明目的良药，桑寄生可以治疗高血压；另外，檀香可以提取高级香料，檀香木切成片，还可以用作健胃的良药。

植物的"分身术"

在小说《西游记》中的孙悟空，有"分身术"的本事。人是不能分身的，可是你知道吗，具有分身能力的植物却屡见不鲜。

所谓"无心插柳柳成阴"，说的就是一根柳枝插在土里，便会生根、发芽，长成新柳；把秋海棠的叶子埋在土里，它也会向下长出根须，向上生出新叶来；马铃薯的块茎上面有许多芽眼，每一个芽眼都可以长出新的植物；"雨后春笋"就是从竹的地下根茎上冒出来的芽；葱蒜、洋葱的鳞茎和芦苇的根也能生芽，长成新的个体，这是植物的无性繁殖。

另外，有人用曼陀罗的花粉培养成了一棵幼苗，用玉米、水稻、小麦、大麦和烟草等的一个植物细胞也培养成了一株植物，它们都是没有母亲的植株。

科学家揭示了植物细胞的秘密以后，从植物体上取下根、茎、叶、花的任何一小部分或一粒花粉，放到试管内的无菌培养基上，进行特殊的培育，结果竟长出完整的植株。

用这种方法可以在工厂里快速繁殖甘蔗幼苗；把人参细胞放在试管中培养，同样可以获得人参的有效成分。这种方法可以在短时间内生产出成千上万株苗木，这就是植物的"分身术"。时至今日，培养一个大森林所需要的树苗，只要用一个邮包就能从一个国家寄到另一个国家了。

种子会发芽的原因

古时候，朝鲜有个国王，年纪很大了，还没有一个孩子。一天，国王拿出一袋花的种子，命令大臣把它分给全国的孩子，并且宣布说："谁能用这种子种出最美丽的花来，谁就将是我的儿子。"七岁的小孩宋金，把一颗种子种在花盆里，他天天浇水，花盆里也没长出芽来。100天后，孩子们都捧着开满鲜花的花盆来到皇宫，国王不由得皱起眉来："我的种子是煮熟的，不会开花结果。"最后，国王看到捧着空花盆的宋金，高兴地宣布："宋金诚实，是我要找的儿子。"

煮熟了的种子当然不会再发芽，那一般的种子为什么能在适宜条件下便生根发芽，长大成材，这是怎么回事呢？

如果拿一个桃核或者杏核，把它敲开，我们就能看到一颗心形的种子，撕掉那层褐色的种皮，两瓣洁白如玉的叶子便显露在眼前。原来，在种子里早就孕育着一棵幼小的植株——胚，它是由子叶、胚芽、胚轴及胚根四部分组成的。种子萌发后，胚根就向下生长长成植株的根；胚芽则向上生长，发育成枝干和叶子。

正像人类的胎儿的形成有一个复杂的过程一样，树木的"胎儿"——胚的形成也有一个复杂的过程，正像妈妈百般爱护胎儿一样，树木对"胎儿"的护理也极为精心，例如桃、杏等，它那洁白的胚外有一层坚韧的种皮，种皮外包着一层极为坚硬的内果皮，即我们平时所说的核；核外面是肥厚多汁的中果皮，即我们平时吃的果肉，果肉外面还有一层外果皮。一颗种子外面竟有四层包被。

许多种子成熟后，要经过一个休眠阶段，就像动物冬眠一样。当它醒来以后，先吸收水分，然后种子的胚吸收贮藏在胚中的营养，慢慢成长起来，生根发芽，形成幼苗，而后幼苗逐渐发育成一株成年的树木，直到开花、结实、形成新的种子。树木就是这样不停地、周而复始地进行着生命的延续。

当然，也有的树木的繁衍不靠种子，只需把它的一段根或一段茎插在土壤中就能生根发芽，长成一棵大树；甚至一片树木的叶子，一块树木的组织在适宜环境下也能培育成一棵植株。

千奇百怪的种子传播方式

一般说来，植物种子的传播要靠风、水流和动物，不过也有自力更生者。热带植物木樨草成熟时，果实自动裂开，种子被弹射出去，可达 14 米。凤仙花也有这种本领，把种子弹向四面八方。最绝的当属欧洲南部的喷瓜，当种子成熟时，外面的组织变成液体，产生很大的压力，轻轻一碰，汁液便携带着种子喷发而出，射程可达 6 米远。还有一些种子能随水漂流，远涉重洋。不过，对于种子传播起最大作用的，还应该首推人类。

美洲的车前草可不是天然就有的。当初哥伦布发现新大陆，白人定居下来，而车前草细小的种子也随着白人的脚步进入美洲大陆，而蓬勃生长起来。

二战时，德军入侵前苏联，一种叫蒿叶状豚草的植物种子，也随着德军的装甲装备的"闪电行动"，迅速在东欧平原上生根发芽，甚至危害了庄稼和牧草的生长。

人类还有意识地传播种子，把新的作物移植到远方。玉米原产于美洲，欧洲人看到这种奇特的作物，品尝到美味的玉米食品，就把它们带回欧洲，进而传遍了世界。

就这样，越来越多的作物种子传播到了世界各地。美洲的玉米、马铃薯、番茄、可可、烟草、花生、辣椒……中国的稻、麦、谷、高粱、桃、杏、李、梨、柿、山楂、荔枝、茶树……现在都成了世界共有的作物，成为人类共有的财富。

种子的力量

种子具有神奇的力量。人的头盖骨结合得非常致密，非常坚固。生理学家和解剖学者，为了深入研究头盖骨的结构特征，曾经用尽了各种方法要把它完整地分开，但都没有成功。后来有个

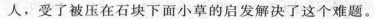

人，受了被压在石块下面小草的启发解决了这个难题。

石块下面的小草，为了要生长，它不管上面的石头有多么重，也不管石块与石块的中间怎么窄，总要曲曲折折地、顽强不屈地挺出地面来。它的根往土里钻，它的芽向地面透，这是一种不可抗拒的力。至于树种的力就更大了，它能把阻止它生长的石头掀翻！一颗种子可能发出来的"力"，简直超越一切。

不断向上生长的幼苗

植物种子的力量既然这么大，可不可以用它来剖开头盖骨呢？把一些植物的种子放在头盖骨里，配合了适当的温度和湿度，使种子发芽。发芽后的种子产生了足够的力量，竟然钻到头盖骨几乎密不可分的缝隙里，使劲地往外钻，往外长。这样，一切机械力量所不能使骨骼自然结合分开的事情，种子办到了。它不仅把人的头盖骨分开了，而且剖得条分缕析，脉络清楚，从而解决了人们研究头盖骨的一个难题。

令人惊异的根系

植物的根担负着向茎叶输送吸收来的水分及无机盐等的任务，对植物的生长起着举足轻重的作用。俗话说："树有多高，根有多长。"这句话对不对呢？其实，不露声色，在地下生长的根，它的长度往往是地上茎干高度的5～15倍。像小麦、稻、谷等作物个子不高，可根却能伸入地下1米多呢。沙漠中的苜蓿，为了得到一点水，拼命地向地下"扎根"，居然也到了12米长。若要问根的长度之冠，则非南非奥里斯达德附近一株无花果莫属了，据测算，它的根深可达到120米，足有40层楼高了。

根深是为了更广泛地吸收水分和无机盐，而根之所以能吸收水及无机盐，是凭借了根尖上无数的细小根毛。纤细的根毛吸收了极其微小的水分子和无机盐离子，然后输送到极其需要它们的植物茎叶上。如果没有根毛，再长的根也只是个摆设。数目众多的根毛使根的表面积大大增加，以便于更广泛地吸收各种养分。仅一株小麦的大小根毛就达7万条，长度有500～20000米；而西伯利亚的黑麦根毛有150亿条，根系与土壤接触的总面积就有400平方米，真的让人大吃一惊了。

根上小瘤子有大用

如果你从田里拔出一颗大豆秧，就能看到根上长着许多圆形的小瘤子，蚕豆、豌豆和花生等豆类植物的根上也都长有这样的小瘤子。如用手挤破小瘤子，就会流出一种紫红色的液体。这些小瘤子就叫根瘤，里面有无数的根瘤细菌。根瘤细菌有一种特殊的本领，能把空气中的氮气抓住，供给豆类植物制造养料；豆类植物用一部分养料和水分养活着根瘤菌。它们就这样相互依靠地生活着，彼此间都可以得到一定的好处。

"阴阳人"植物

在美国缅因州和佛罗里达州的森林里，生长着一种叫做印度天南星的有趣植物，它四季常绿，在长达15～20年的生长期中，总是不断地改变着自己的性别；从雌性变为雄性，又从雄性变为雌性，真是一种"阴阳人"植物。

大多数植物都是雌雄同株的，在一株植物体上既有雌花又有雄花，或者一朵花中同时有雌性和雄性器官。而印度天南星却与众不同，它不断改变性别，当变成雄性时，它的花只有奶油色的花药，产生花粉；当变成雌性时，它的花只有绿色的子房，子房上长有白色的柱头。

花生和根瘤

早在 20 世纪 20 年代，植物学家就发现了印度天南星的这种性变现象。可是长期以来，人们猜不透其中的奥妙。

20 世纪 90 年代，美国一些植物学家研究发现，中等大小的印度天南星通常只有一片叶子，开雄花。大一点的有两片叶子，开雌花。而在更小的时候，它没有花，是中性的，以后既能转变为雄性，也能转变成雌性。经过进一步的观察，他们又发现，当印度天南星长得肥大时，常变成雌性；当植物体长得瘦小时，又变成雄性。因此，他们认为：印度天南星的性变原因是为了"节省"能量。

原来，植物像动物一样，雌性植物产生后代所需要的能量远比雄性植物产生精子所需要的能量要多。印度天南星的种子比较大，消耗的能量比一般植物更多。如果年年结果，能量和营养都会入不抵出，结果会使植物越来越瘦小，甚至因营养不良而死去。因而，只有长得壮实肥大的植物才变成雌性，开花结果。结果后，植物瘦弱了，就转变为雄性，这样可以大大节省能量和营养。经过一年"休养"，待它们恢复了气力，积蓄了一定的能量和营养后，再变成雌性，开花结果。

有趣的是，这种植物不光依靠性变来繁殖后代，还利用性变来应付不良环境。植物学家发现，当动物吃掉印度天南星的叶子，或大树长期遮挡住它们的光线时，印度天南星也会变成雄性。直到这种不良环境消失后，它们才变成雌性，繁殖后代。

寄生虫式的生活方式

热带雨林里有着各种各样的植物。在这里，各个植物物种之间，尖锐的斗争从来没有停止，主要是为了争夺阳光。为了争夺阳光，树干可以长到 60 米以上，以自己的广大"华盖"接受日照并打击脚下的竞争对手。

老树的树根

凤梨属植物另有妙招，它把自己坚韧的根缠在大树的枝杈上，用杯状的叶子储存着雨水，日子过得很优哉。至于一些寄生植物，如槲寄生属，干脆直接从宿主身上吸取生存所需的一切，再靠鸟类把它们的浆果带到别的树上来扩展家族势力。这种寄生虫式的生活方式自然为植物界所不齿，但又有谁能说这不是一种生存之道呢？

一切生存的东西都有自已顽强的生存本领，而在每一种本领中都隐藏着无穷的奥妙。

植物中的"左撇子"

众所周知，人常有左撇子右撇子之分。统计资料表明，右撇子比左撇子多 7 倍。

那么，植物是否有左撇子右撇子之分呢？当然有。

植物的叶子、花、果实、茎都可能有左旋或右旋之别——左撇子或右撇子。

锦葵是典型的左撇子占多数的植物。左旋叶子锦葵是右旋叶子锦葵的 4.6 倍。另外，四季豆的左旋叶子比右旋叶子多 2.3 倍，覆盆子多 1.7 倍，菩提树多 1.2 倍。

反过来说，像大麦、小麦之类的植物，都是右撇子居多的植物。大麦的右旋叶子比左旋叶子多 17.5 倍；小麦则多 1.6 倍。

通常右撇子的人，右手比较发达、有力；而左撇子者，则相反。植物也有类似现象。右旋植物，右旋叶比左旋叶发育得旺盛、丰满；而左撇子植物的左旋叶则较右旋叶发育得更旺盛、丰满。

大白菜为什么抱心

在过去的北方地区，尤其是秋冬季节，大白菜是生活中最重要的一种蔬菜。大白菜的栽培历史很久远了，它起源于中国。在距今 1400 多年的《齐民要术》一书中，已经谈到种"菘"，这

"菘"，可能就是白菜的原始类型，以后通过多次的选种和栽培，逐步发展到散叶类型、半结球类型而至结球类型。在这漫长的岁月里，人们洒下辛勤的汗水，付出心血，同时，也凝聚了劳动人民的智慧。

大白菜一般有结球类型和散叶类型。结球类型即所谓"抱心"大白菜，更受人欢迎。大白菜抱心是怎么形成的呢？

我们知道，在大白菜生长的初期，绿色的叶片开始是展伏在地面上的。这些叶片是一座很大的"绿色工厂"，它们可以通过光合作用来制造有机物，贮藏营养物质。随着叶子渐渐增多，一棵棵白菜宛如一朵朵"出水芙蓉"，这时，在栽培学上称为"莲座"。其后，"莲座"中心的叶子开始卷心，它们紧紧地合抱起来，逐步形成了坚实的叶球，它们与外部的绿叶进行"分工"，成为贮藏养料的"仓库"。这个"仓库"，就是我们平时常说的"菜心"，它鲜甜可口，是食用的精华部分。

大白菜结球是在漫长的栽培过程中所形成的对付冬季严寒的一种适应现象，外面硕大的叶球把芽包在中间，保护它在冬季安全地休眠，不致被冻死。采种用的大白菜第二年就用"仓库"里贮存的养料供顶芽发育，然后，抽薹、开花、结出种子。

抱心大白菜由于品种不同，叶片抱合的形式也各有千秋。比如，天津青麻叶白菜，上部叶片螺旋地拧在一起；济南大根白菜，上部的叶子向内相互重叠抱合；山东胶州白菜由于叶片的边缘有许多裥褶，因而叶与叶之间犬牙交错地镶嵌在一起，……形形色色，真的像是一件件款式各异的时装，由大自然这一杰出的"设计师"而创作的精品，使人眼花缭乱，欲舍不能。

青藏高原奇异的植物世界

在中国西南严寒的青藏高原无人区，既没有挺拔屹立的参天大树，也难见到低小的灌木，但却生长着种类繁多的花草。在裸

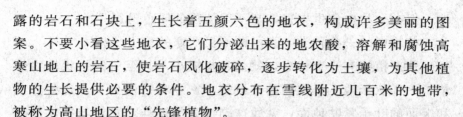

露的岩石和石块上，生长着五颜六色的地衣，构成许多美丽的图案。不要小看这些地衣，它们分泌出来的地衣酸，溶解和腐蚀高寒山地上的岩石，使岩石风化破碎，逐步转化为土壤，为其他植物的生长提供必要的条件。地衣分布在雪线附近几百米的地带，被称为高山地区的"先锋植物"。

在高寒无人区还有许多开花植物，不过除报春花和绿绒蒿株枝稍高外，一般都是 10～20 厘米的矮小草本。株枝上的花朵，五彩缤纷，格外艳美，如报春花是黄色的，绿绒蒿是蓝色的，龙胆紫是紫色的，马先蒿是紫色和黄色相间的。据植物学家考察，在无人区可可西里就发现 250 种植物，世界四大野花卉之一的紫菀类就多达三十几种。科学家特别推崇一种叫红景天的药物花卉。它含有很多种化学成分，是天然的保健药物，抗疲劳、益智、健身、抗寒、抗缺氧，对神经系统和心血管系统疾病有一定的疗效。前苏联科学家很重视这种药物，已用于航空医药和运动医学。据说，红景天这种药物花卉资源，在中国青藏高原的数量居世界首位。

高原植物的花朵特别鲜艳，这与强烈的太阳辐射，尤其是强紫外线有关。此外，这些植物的叶片小，而花型相对较大，花株分支甚多，相互交织成球状，花朵遮住茎秆，成了一个艳丽的花球。有的花朵在茎上长满一层毛绒，以防止水分蒸腾，避免太阳的辐射；有的是腊质叶或肉质叶，角质层发达，栅栏组织比较紧密，既可减缓水分蒸腾，又能傲霜抗雪，耐干旱，从而保护了叶片。植物的根系发达，深深扎入地下，便于吸收水分和养料，并把水分和养料储存在根部，维持自己的生命。总之，植物为了适应高寒的自然环境，经过长期的演化，成为高原上种种奇花异草，构成了独特的高原植物区系。

在险恶的环境中顽强生长的植物

海拔四五千米的高山和地球南、北极，气候寒冷，冰天雪地，但在一片白色世界里，却不乏植物的绿色身影。

植物中的一些种类，真可谓不畏严寒的勇士了。

这些植物有一个特点，就是身材矮小，甚至一些垫状植物像垫子一样伏于地上，它们的茎极短，密生着许多分支，这些分支和上面的叶子紧贴地面，就凭这副惊人的模样，它们与狂风进行了一次次成功的较量。虽然茎短，但它们的根却很深，一方面固定了自己，一方面最大限度地吸收养料。

在南、北极，地衣像给荒原披上一层薄毯，甚至还有一些开花植物，如极地罂粟、虎耳草、早熟禾等。植物的抗寒能力竟这么强！

还有一些植物，却能在"烈火中永生"。中国海南有一种海松，特别耐高温、不怕火烧。这是由于它有独特的散热能力，木质又十分坚硬，人们取海松木做成烟斗，长年烟熏火燎也不能伤它一毫。还有常春藤和迷迭香这类植物遇火不燃，顶多只是表面发焦，能阻止火灾蔓延。

落叶松有一层很厚但几乎不含树脂的树皮，大火很难将其烧透，就算被烧伤，树干还会分泌树胶，盖好"伤口"，防止细菌侵入。因此，一场大火后常常是落叶松的天下了。

沙漠里的绿色生命

一望无际的广阔沙漠，令人望而生畏。的确，干旱似乎带走了一切生机，但是有些植物，却凭借自己独特的生存本领，在荒漠里顽强生存，给沙漠带来了点点绿色。

有一些植物可以充分利用每一滴难得的水，迅速地生根发芽。在撒哈拉大沙漠中，有一种叫齿子草的植物，只要地面稍稍湿润，它就能快速地生根发芽，直至开花结果，虽然只有 30 天的生命，但完成了自己的使命，并且一代代地繁殖下去。梭梭树的种子只能活几个小时，但是滴水浇灌，只要两三个钟头就能生根发芽了。

还有一些沙漠植物是凭借庞大的根系来生存，像非洲沙漠有一种只有一人高的灌木，可是它的根却深入地下 15 米之多，广泛地吸收深层的地下水分。

更有一些植物是以"貌"取胜，它们的茎干矮小又敦实，里面积蓄了不少水。仙人掌的叶子退

耐寒的沙漠植物

化为刺，木麻黄的叶子像鳞片般细小。更有趣的是光棍树，小小的叶子长出后很快就脱落了，就这样它们把蒸腾减小到最小限度，在沙漠里顽强生长，成为黄色沙漠的"绿色勇士"。

善于"武装"的植物

形形色色的植物，披着一身绿装，挂着丰硕的果实，时时刻刻吸引了大批动物、昆虫等前来"观光"品尝。这些植物能保护自己的财产吗，它们只有束手待毙了吗？当然不会，植物也有自己坚实的"武装"，可以同敌人搏斗一下。

南美洲秘鲁南部山区生长着一种形似棕榈的树，在它宽大的叶面上布有尖硬的刺，当飞鸟前来"侵犯"，想要啄食大叶子时，树的武装就发挥效力了，密布的尖刺使鸟儿轻者受伤，重者死亡。当地人把这树称为捕鸟树，由于他们常常可在树下捡到自投罗网的飞鸟，而吃上鲜美的鸟肉。

中国南方有种树，别称"鹊不踏"，它的树干、枝条乃至叶柄都布满皮刺，鸟兽都退之三舍。而一种叫"鸟不宿"的树，则

是每片叶上都长有三四根硬刺，同样使鸟儿不敢停留。

非洲生有一种马尔台尼草，它的果实两端像羊角一样尖锐地伸出来，且长有硬刺。人们给它起了个令人恐怖的名字"恶魔角"。它就像其名字一样可怕。成熟后的"恶魔角"掉在草的附近，如果鹿儿前来吃草，往往会不慎踏上"恶魔角"，痛不欲生。

沙棘草

欧洲阿尔卑斯山脚下的落叶松幼苗如果被动物啃食，便会很快生长出一丛尖刺，一直到幼苗长到动物吃不着的高度，才生出普通的枝条，落叶松就这样"武装"保卫了自己。

仙人掌也是凭着一身尖刺保卫了自己，要不沙漠里的动物早把它富含水分的茎吃光了。

还有一些植物更为"阴险"，它们没长尖刺，靠着可怕的毒素武装了自己。这类植物可真不少，像荨麻有蜇人毒人的刺毛；巴豆的毒素可使吃下它的人腹泻、呕吐，甚至休克、死亡；桃、苦杏、枇杷和银杏的种子有毒；夹竹桃的叶子有毒，皂荚的果实有毒。

植物正是靠着自己的"武装"保卫了自己绿色的生命，看来，柔弱的植物也不可轻易欺侮啊。

没有硝烟的生死大战

植物界姹紫嫣红，似乎总是那么和平、宁静。其实，在植物世界中，也有着激烈的生死大战。

有人种植了铃兰和丁香，不久花儿盛开了，可是很快地发现，丁香早早地夭折枯萎了，而铃兰依旧美丽芬芳。他又在铃兰旁放置了一盆水仙花，可是没过几天铃兰和水仙也都萎缩，慢慢地死去了。

难道它们中有着深仇大恨不成？其实，这就是植物之间的竞争。

森林里也进行着明争暗斗，接骨木是林中一"霸"，能排挤松树和白叶钻天杨，扩大地盘。高大的栎树是个"小心眼儿"，和比自己矮的榆树不仅说不上话，还赌气地背过身。其实也难怪，和榆树在一起，栎树就会发育不良了。

植物界的这种争斗，其实也不过是为了争夺水分、养料、空间和阳光，在竞争中，植物纷纷巧妙地利用了化学物质。为了生存，植物界的斗争也是很"残忍"的。

毛虫与仙人掌的大战

在澳大利亚的布尔纳格城，建有一座奇特的毛虫纪念碑。我们都知道毛虫是一种令人讨厌的多毛刺昆虫，为什么布尔纳格城的市民要为它立碑呢？这要从一场"绿祸"讲起。

在 19 世纪时，一位澳大利亚人从阿根廷带回一株仙人掌。仙人掌既可开出美丽的花朵，还能植于庭园周围，防止野兽侵犯，因此人们纷纷加以引种。没想到，澳大利亚的土壤、气候非常适宜于仙人掌的生长，从此仙人掌疯狂地生长，向四周蔓延，侵占的土地达到了 240 万公顷，严重威胁了农牧业生产。

为了消除这场人为造成的"绿祸"，当地政府和广大居民决心齐心协力铲除仙人掌，谁知竟弄巧成拙，被铲断的仙人掌一分为二地生长，反而加速了仙人掌的生长。

这可如何是好？还是生物学家提出了有效的方案，他们到阿根廷等地引进了卡克波拉斯毛虫，这种专吃仙人掌叶冠的毛虫终于遏制了仙人掌的蔓延。10 多年后，仙人掌的危害才基本消失，大面积的牧场又长出了绿草，耕地又可种植庄稼了。就这样，丑陋的毛毛虫居然因祸得福，成了消除仙人掌危害的功臣，受到人们的纪念。

发现矿物宝藏的植物

在辽阔的大地下，蕴藏有多种多样、非常丰富的矿物资源。地质工作者们常常为了找矿而历尽艰辛，可有时，他们也能非常迅速、方便地找到宝藏，这便是由于他们发现了矿物宝藏的"亲戚"——一些特殊植物的缘故。

在中国西北边疆阿尔泰山脉上，生有一种叫帕特兰丝石竹，又称霞草的草本植物，它生有狭长的蓝灰色叶和浓密细软的浅红色花朵。它就是铜矿的"亲戚"。

丝石竹的根很粗壮，延伸到大地深处，吮吸着含有铜的地下水却不受损伤，反而生长得很茁壮。有时它们在百草不生的石山上，会连成长达几十千米的草丛带，像给山围上了一条鲜艳美丽的粉色丝带。根据丝石竹的分布，就极有可能开采大量的铜矿。

铜的"亲戚"还有叫海

铜矿石

州香薷的"铜草",在赞比亚有"铜花"等等。

金灿灿的黄金也有不少"近亲",像蒿子和兔唇草、蕨类植物问荆、鸡脚蘑和凤眼兰等,它们体内都含有大量金属,找到了它们就预示着"金库"的大门就快打开了。

这些植物怎么会和金属"结亲"呢?原来,它们根下的地下水溶解了一些金属,植物吸取地下水的同时也吸取了金属,天长日久,别的植物受不了吸收的过量金属的毒害,纷纷死去,只有它们能经得起体内大量积蓄的金属,因此它们成了金属们名副其实的"亲戚"了。

也有一些植物,为了和地下的矿物"结亲",含痛把自己本来的面目都改变了。像一种叫水越橘的植物,一旦靠近了铀矿生长,它的椭圆形果实就成了奇形怪状,而颜色有时也会由藏青变成白色或淡绿色。这种牺牲自己的"献身精神"倒是帮助了人们寻找矿物呢。

可以织网的怪树

在中非,生长着一种令当地居民不寒而栗的奇怪植物。这种植物的叶片小而柔韧,其枝条呈放射状铺在地上,如同一张柔软的深绿色地毯。当人们的脚或动物的四肢一踏上这绿色"地毯"时,树枝条就会迅速从地上跃起,把人或动物裹得严严实实,动弹不得。然后,枝条边缘的刺就会刺进人或动物的躯体内,慢慢地"品尝"着殷红的血,直到将血吸尽为止。当地居民称这种植物为"绿色杀手"。

草市和蚂蚁的互依互助

植物和昆虫的关系十分密切,不仅相互为敌,有的时候,它们还需要相互帮助呢。例如,植物和蚂蚁。

蚂蚁是一种十分勤劳的小昆虫，它们常常被花儿的气味吸引，不辞辛劳地爬上高高的植株去搬取花蜜，而花儿的传花授粉的工作也就让这些浑身沾满花粉的蚂蚁们代劳了。

蚂蚁爱把巢筑在能结鲜美果实的植物下面。这些植物能给蚂蚁的宫殿遮蔽风雨、防止日晒，而且它们的叶子下面有时会寄生一小批细小的蚜虫，蚜虫的分泌液甜甜的，是蚂蚁最钟爱的食品了。而蚂蚁也对植物施以回报，它们的粪便及分泌物是花草最好的肥料。

巨型蘑菇和异样菌

在中国戈壁滩中，发现一株巨型蘑菇。这株蘑菇呈酱黄色，全菇周长 1.45 米，最大的直径 53 厘米，高 30 厘米，重 6.3 千克。这株蘑菇分三层，每层形态各异，远看似一朵盛开的莲花。

这株巨型蘑菇是兰州部队某部在沙漠边缘训练时发现的。专家们认为，这对研究沙漠地区生态和气候变化具有重要意义。

美国蒙大拿州的针叶林中长着一株世界上从未见过的巨大蘑菇，这是加拿大一位植物学家在飞机上首次发现的。这株巨型蘑菇呈圆球形，淡黄色，由 7 个菌丝体组成。它是目前地球上独一无二的最大生物体，重量估计约 1 万千克左右。学者专家们认为，这个庞大的生物体至少长在 1500 年以前，有的人还认为它生长在 10000 年以前的最后冰川纪末时期。

南美丛林中生长着一种"马勃菌"，每个重约 10 多千克，状似地雷。如果有人或其他动物触动了它，它就马上"轰隆"一声爆炸开来，并散发一种异样的气味，具有强烈的刺激性。人们如果触及它的味道，便会喷嚏不绝，涕流不断。

有一种名叫"牡蛎蘑菇"的菌类，可食用，可它靠捕食微小动物生活。在腐烂了的树桩边，它总是安详地坐着，等到微小动物爬近它旁边的树桩时，才放出一种毒素，使微小动物丧失活动能力，它旋即生出一些线状的嫩枝，深入被捕小动物的肌体内，慢慢地将小动物吞吃掉。

西双版纳热带雨林探奇

西双版纳的热带雨林，树种繁多，幽暗深密，如果你有机会到那里去游览一下，肯定会有许多收获，不过进入森林时要请在里面工作过几年的人员做向导，不然就可能因不辨方向，碰上蛇蝎等而遇到危险。

蘑菇

进入密林，你的眼睛可能就花了。各种树木千奇百怪，不同于北方森林里常有几种代表树木，这儿是各尽其能，为了争夺阳光水分，谁也互不相让，不过也分不出什么胜负，只好共同发展了。

越往里走，越是昏暗，各种树木的枝叶连成了一个巨大的天幕，阳光几乎照射不进来，因而喜光的草和灌木无法生存，地面上也显得"清静"一些。

雨林中还有一些藤本植物，这些寄生于别人的家伙利用自己"优秀"的缠绕本事，蜿蜒直上，贪婪地享用阳光，而且还经常把不常来雨林的人出其不意地绊个跟斗。还有一些狠毒的藤本植物竟最后把自己依附过的树木勒死，真是忘恩负义。

走上半山腰，就可以看到一种非常奇特的树，竟然长着几块"门板"，其实这是它的"板状根"，这种树叫四数木。四数木爱在石灰山上生长。石灰山本来不易生长树木的，但是四数木却凭借自己又高又厚的板状根成为石灰山上独一无二的树种。

继续攀登，可以看到龙血树。在热带雨林里还有一种奇特的树——望天树。从它的树干看上去，仿佛就可以望见天了。望天树虽然比不上世界冠军杏仁桉的 156 米，可是它在热带雨林里也是鹤立鸡群了。而且它的树干异常光滑，当初人们想采集标本，却无人能爬上去采摘到只有上部才有的枝叶，无奈人们只好忍痛砍伐了一棵树。望天树不仅树形高大，树干光滑，还有极重要的地位，由于它属龙脑香科，而龙脑香科的树种则是热带雨林得以确认的一个重要条件。

西双版纳的热带雨林还有许许多多的有趣树种和花草，如果你感兴趣，有一天你亲自去欣赏一番吧。

白藤

白藤生长在热带密林中，它的茎特别长，而且很纤细，可以说是植物王国中的"瘦长个子"。茎直径不过 4～5 厘米，一般长达 300 米，最长的可达 500 米。白藤细长的"身躯"是怎样生长的呢？原来，白藤茎的顶端，长着一束束羽状的叶子，茎梢又长又结实，仿佛一条特长的鞭子似的。茎梢上长着又大又尖的钩刺，弯向下面，叶子和茎的上部也长满了钩刺。

白藤傍依大树生长，那"带刺的长鞭子"一碰到树干，就紧紧地"拥抱"住，不久就长出一束束新叶来。接着，就顺着树干，向上攀缘，下面的老叶陆续凋落，边长边落叶。它就这样越长越长，而一束束的绿叶，却始终长在茎梢上。白藤攀缘大树向

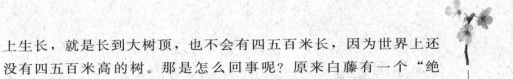

上生长，就是长到大树顶，也不会有四五百米长，因为世界上还没有四五百米高的树。那是怎么回事呢？原来白藤有一个"绝技"，它爬到大树顶后，还是一股劲地继续不断地生长，以大树作为支柱，使长茎向下坠，沿着树干盘旋缠绕，形成许多怪圈儿，人们给它起了个绰号叫"鬼索"。

白藤是一种特殊的经济植物，是藤制家具原料。如藤制的坐椅、睡椅，藤制的床、桌子等等，比起竹制的家具，既牢固，又美观。白藤的"兄弟"——省藤，也是长达三四百米的藤本植物，也有同白藤一样的经济价值。

菌根兰

我们知道，大多数会开花的植物都是靠光合作用来合成养料的。植物的生活离不开阳光。可是在澳大利亚就有一种地下植物，竟然能在暗无天日的地方生长开花。

这是为什么呢？澳大利亚的植物学家对这种奇特的地下植物进行了研究。他们发现，这种植物没有根，叶子又轻又薄，比细鳞鱼的鳞片还小，肉眼几乎看不见。它的茎根肥厚，那美丽的紫红色花朵就是从这种肉质茎上绽放出来的。

植物学家发现，这种植物是依靠一种地下的真菌供给养料的。在黑暗的环境下，这种真菌慢慢地生长，蔓延滋生出许许多多的菌丝。真菌的菌丝钻入上述地下植物的肉质茎中，深入植物的细胞里。同时，真菌的另一部分菌丝不断地向四周伸展开去，遇到腐烂的树叶、老朽的树根，就会盘绕在这些植物残体上，从中吸取丰富的糖分和矿物质。然后，真菌再通过长长的菌丝体，把一部分营养输送到植物细胞里去，供植物"享用"。这种植物的生活方式如此奇特，因而植物学家给它取了一个形象的名字——菌根兰。

甜国之冠

1969年日本科学家住田哲在巴西发现一种叫甜叶菊的植物，它的提取物比砂糖甜300倍，而含热量只有砂糖的1/300。它有"天然糖精"的称号，并已研制成产品，进入各国的市场。

甜叶菊的适应性和耐寒能力都很强。可用种子播种，但是发芽率极低。若采用扦插、压条等无性繁殖的方法，则成活率较高，但繁殖系数低，耗工时。目前，正应用植物学上的新技术——组织培养法，以解决甜叶菊的良种培育和大量出苗的问题。这项技术的应用已获得成功。

谁知强中还有强中手。20世纪末，科学家又从一种植物果实中提取一种名叫索马丁的物质。它的甜度竟比甜叶菊提取物还要大10倍。它是迄今人们发现的最甜的物质，被称为"甜王"。

它生长在西非洲的丛林中，属于葛郁金科的植物。它高约2米，叶子呈卵形，果实是橘红色三角锥形的，故称红果树。索马丁就是从红果中提炼出来的。

在非洲的密林里，科学工作者发现了一种藤本橘，它的果肉竟比一般橘子甜9万倍，虽然甜度极高，但吃起来甜的滋味只是在颊齿间久留不散。

更有甚者，有一种非洲薯叶，它的果实竟比食糖甜9万倍！这种果实呈红珊瑚色，外形像野葡萄，每串结40～60粒果实，很逗人喜爱。奇妙的是，吃了这种高甜度的果实，不但不感到咸苦，反而嘴里长时间都感觉有甜味。

1982年，科学家们在加纳的森林中发现了一种名叫"卡坦菲"的野生植物，并从中提取出一种叫"卡坦精"的物质，经鉴定其甜度竟为蔗糖的60万倍，可称得上是当今世界上最甜的植物了。

圆形小船——王莲

你看过这样的照片吗？一个孩童像小仙子一样，坐在一张巨大的碧绿的荷叶上，就像坐在一只平稳的圆形小船里。这可不是童话，那种有巨大叶子的莲花，是王莲，它可称得上是莲中之王了。

王莲的故乡是世界第一长河——亚马逊河流域。它的巨大的叶子直径长达 2 米，叶子边缘向上卷起，像一个大托盘。直立的叶缘上有缺口，便于排出雨后的积水。叶子上面呈淡绿色，下面则是深红褐色。粗大的叶脉从叶子背面中心延伸开来，布满了整个叶子底面。叶脉里面又分为许多"小房间"，充满了空气，正是这密布的叶脉，使王莲的叶子有了巨大的浮力，人们曾经把 75 千克的沙子小心地、均匀地平铺在叶子上，叶子依然稳稳当当地浮在水面上。正由于王莲有奇特的巨大莲叶，这莲叶又是具有奇特的浮力，因而受到人们的喜爱。

赏心悦目的一品红

在百木萧条的冬季，在房间里种上几盆观叶植物，定会令人赏心悦目，一品红就是这其中的佼佼者。

一品红俗称象牙红、老来红。它是大戟属中的名品。在西方欧美各个家庭中，它是圣诞节时不可缺少的装饰植物。它作为圣诞节的象征，又被称为圣诞花。

一品红的原产地是墨西哥和中美洲，常见于潮湿、有林木的山谷或石坡上。如果气候温暖，一品红可在冬天开花。实际上这种"花"是其细长的茎枝顶端的有色叶状苞片，苞片中央才是一簇黄色的小花。一品红可长到 5 米高，而移居于室内的一品红，高度则往往不到 1 米。

如果想在瓶中插一品红，可在剪口处用火烧焦 5 厘米，这样鲜红的一品红可多美丽一段时间，成为冬季里娇艳的别具一格的观叶植物。

植物世界的天气预报员

柳树 柳树萌芽时间提前，表明春季温度回升快、偏高；萌芽时间推迟，则温度回升慢、偏低。若七八月份柳树生长出 3.3～6.6 厘米长的须根，而尖端嫩白，预示未来 30 天的雨水偏多。这就叫"柳树萌芽早，初春温度高"，"柳根长红须，未来雨偏多"。

玉帘 在夏、秋季节里，每当台风、暴雨来临之前，玉帘就会绽开艳丽的花朵，似乎在警告人们要及时预防台风、暴雨的袭击。

含羞草 用手碰一下含羞草，如果叶子闭缩得快，张开还原慢，说明天气将转晴朗；反之，天气将转阴。

苎麻 苎麻的叶子发白，预兆有雨。

古柏树 每当久晴复雨或久雨转晴，树枝上都会冒出青烟，向人们预报天气的变化。

青苔 大雨之前，气压剧降，水面上压力减小，河塘底的苔藓会浮出水面。故有"水底泛青苔，必有大雨来"的农谚。

榕树 初春榕村大批落叶，天将变暖。

鬼子姜 又叫姜不辣，花开 10 天左右，就要下霜了，成为初霜的预报植物。

桐油树 初生花蕾呈红色，当年旱；花蕾呈白色，雨水多；树叶落得早，冬来早。

珍奇蔬菜

彩色蔬菜：科学家们为了让蔬菜在餐桌上更富有色彩，近年来先后培育出了蓝色的马铃薯、粉红色的菜花、紫色的包心菜和里红外白的萝卜及红绿相间的辣椒等。目前彩色蔬菜为数不多，很名贵，它们因具有诱发食欲和一定的食疗妙用，故在国外市场上十分抢手。

袖珍蔬菜：美国植物学家成功地培育出 10 多种袖珍蔬菜，如手指般粗的黄瓜、拳头大小的南瓜、绿豆一样细小的蚕豆和辣椒、弹丸似的茄子、一口能吃 10 余个的西红柿……这些蔬菜颇能满足美国人"标新立异"的心理。

减肥蔬菜：减肥蔬菜是西欧一些国家新近培育出来的一种被人称为"吉康菜"的优质蔬菜。这种蔬菜嫩黄软白，入口清脆，微带苦味并含有丰富的钙及维生素 B_1、B_2、C 以及少量的维生素 A 等，而且含热量很低，是理想的减肥菜肴。

强化营养蔬菜：美国耶鲁大学的植物学家试验栽培了一种含有多种营养成分的强化营养蔬菜。他们选用氨基酸类含量较高的植物细胞移植到另一种蔬菜上，等到它逐步分裂繁殖后即可获得新品种。目前已成功地培育出西红柿和甘薯的强化营养蔬菜。这样，人们只要吃一种蔬菜，就可以得到两种蔬菜的营养成分。

蔬菜吉尼斯纪录

特大胡萝卜：1978 年 10 月，新西兰纳尔逊的斯科特小姐栽培了一棵特大的胡萝卜，这棵胡萝卜的重量达 7 千克。

真正的"大"蒜：1985 年，美国加利福尼亚州厄拉克的罗伯特·柯克帕特里克种植了一头象蒜，这头蒜周长 46.99 厘米，重1.25 千克，成为真正的"大"蒜。

最大的西瓜和甜瓜：1985 年 9 月，格雷斯庄园报道了一只重118.04 千克的西瓜，它的种植者是美国阿肯色州霍普的贾森·布赖特。最大的甜瓜，据报道是 1982 年美国北卡罗来纳州的吉恩·多特杰培育出来的，重达 24.97 千克。

最大的草莓：英格兰福克斯顿的乔治·艾迪生在 1983 年 7 月栽培的一棵草莓重达 231.62 克，真是一枚硕大而诱人的草莓。

南瓜冠军：1986 年 10 月，美国新泽西州杰克斯道的罗伯特·甘卡兹先生培育出了世界上最大的南瓜。这个南瓜重 304.63 千克，周长 3.64 米，它一举赢得世界南瓜联盟竞赛的桂冠。

瓜中上品——西瓜

一千多年前，西瓜还是非洲沙漠里的野生植物，只是大象、犀牛等动物的食物。后来经过人工培育，西瓜才成了人们夏季清热解暑的瓜中上品。

到 10 世纪，中国五代时，西瓜由中亚细亚经"丝绸之路"传入中国。因它来自西部，因而取名"西瓜"。到了宋代，西瓜已传播到大江南北。

西瓜是葫芦科一年生草本植物。叶片浓绿有深缺刻。花单性，黄色。瓜瓤多汁而甜，有深红、粉红、黄色或白色。它的营养十分丰富，含有蛋白质、磷酸、苹果酸、果糖、蔗糖、葡萄糖、氨基酸、胡萝卜素等营养物质。西瓜籽的蛋白质含量超过米、麦。

西瓜一身都是宝。它的皮、瓤、汁、籽均可入药，有甘凉、清暑、解渴、利尿之功。俗话说，"暑天半只瓜，药物不用抓"。

近年来，人们又培育出了许多新奇的西瓜。如黑龙江农科院育成一种摔不破的西瓜，它从 1 米多高处落地仍安然无恙，便于运输；广东省高鹤县试种成功方形西瓜，既易堆放，又便运输；中国农科院品种资源研究所育成晚熟西瓜，秋末冬初还有应市。日本园艺家已培育成正方形的无籽西瓜，每边长 15 厘米，式样美观，品质优良，受到国际市场的欢迎。

西瓜拾趣

　　什锦西瓜　美国阿肯色州的布拉农拉兄弟俩栽培的一个特大西瓜，重达 90.7 千克。这种瓜含糖量比普通西瓜高 3 至 5 倍，成熟后瓜的肉色有 3 种，被誉为"什锦西瓜"。

　　方形西瓜　日本山形县专门"制作"方形西瓜，妙方是：当西瓜结实后，使用四方形的模壳，把西瓜置于其中。方形西瓜不仅味道鲜甜仍旧，而且不易因滚动而破损，便于运输和存放。

西瓜

　　摔不破的西瓜　黑龙江省农科院选用"龙密"和"密宝"杂交，培育出一种摔不破的西瓜"104"号。这种西瓜从 1 米多高处落在地上也"安然无恙"，人称"摔不破的西瓜"。

　　酒味西瓜　美国园艺师恩德曼成功培育一种酒味西瓜。他用一根灯芯，一端浸在美酒里，另一段接在藤切口上，用木膏封固。当西瓜成熟后，酒香扑鼻，别有风味。

　　耐贮西瓜　这种西瓜产于泰国曼谷，适应性强，生长期仅 90 天，含糖量高达 13.7%。其表皮坚硬，具有熟老不倒瓤，贮放不汤化的特点，在室内自然贮放，来年春节仍鲜甜可口。

第二章　奇趣树木

神奇的气象树

树木也可预报天气。在中国广西忻城县有棵青枫树，人们叫它"气象树"。它的叶子色泽会随天气变化而变化。晴天的时候，叶子为深绿色；叶色变红，预兆将会下雨；雨过天晴之后，树的叶子又恢复到原来的深绿色。

"气象树"为什么能预报天气呢？原来气象树对气候条件反

一些树叶颜色的变化，可以预示天气如何

应敏感，植物叶片中所含的叶绿素和花青素的比值发生了变化。在正常情况下，叶片中叶绿素含量占优势，因而呈现深绿色。在长期干旱后，即将下雨前，常有一段时间的强光闷热天气。在这

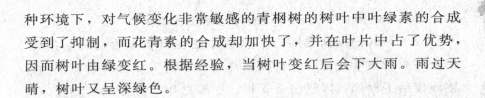

种环境下，对气候变化非常敏感的青枫树的树叶中叶绿素的合成受到了抑制，而花青素的合成却加快了，并在叶片中占了优势，因而树叶由绿变红。根据经验，当树叶变红后会下大雨。雨过天晴，树叶又呈深绿色。

不怕刀斧砍的树

一般的树木在生长过程中最怕的就是被刀斧砍伤。可是，树中也有不怕刀斧砍的"硬骨头"，被刀斧砍过反而花繁果丰。芒果树便是树木中的这种"硬骨头"。

种植园中的芒果树

芒果树，属于漆树科、芒果属的常绿乔木。树冠生长得繁茂，呈球形；树皮厚，为暗灰色；树干高大粗壮，树高10～20米；寿命可达几百年。在民间流传着这样一个故事：在很久很久以前，有个岭南人为躲避官府的追捕，逃到南洋，以种花木、果树为生。

他栽种的芒果树，生长得树壮、枝粗、花繁、果密。没多久他便成了当地栽种芒果的名家。这一出名不要紧，官府探得消息后，便派人到南洋去追捕他。由于他躲避得快，等官府的人追到南洋时，已不见他人影。官府没有抓到人，就派人用刀在芒果树上乱砍一番。但没想到，被刀砍过的芒果树上，结出的果实比没有被刀砍的树结出的果实还多。后来，人们也学着用刀砍芒果树的办法促其生产，因此"刀砍树"的办法便传了下来。

今天，人们逐渐弄明白了刀砍之法促果实丰收的科学道理。由于芒果的枝叶茂密，光合作用合成出来的大量营养物质都由运输线传给了根部，以供根系长粗、伸展之用。过多的营养输入根部，则枝叶积累营养就会不足，从而影响开花、结果。如将树皮砍开道道口子，就可以阻止过量的营养输进根部，枝干营养丰富就可以促进多开花，花开得多，果实自然也就结得多。

据说，芒果原产于印度，印度栽植芒果有 4000 多年的历史。有趣的是，第一个使芒果扬名于世的却是中国僧人——唐高僧玄奘。

现在，人们已经采取更科学的办法取代刀砍法，使芒果获得更大的丰收。

"花瓶"树——纺锤树

纺锤树生长在南美的巴西高原，因树形酷似纺锤而得名。

在南美巴西草原上，可以见到一种形状奇特的巨树。它高达 30 多米，直入云霄。有趣的是，它的树干两头尖细，却有一个圆鼓的"大肚子"，最粗的地方能有 5 米，人们把这种形状类似于纺锤的树称作纺锤树。

巴西草原是个热带草原，分为旱、雨两季，旱季时滴雨未有，雨季时却大雨倾盆，生长在这种气候里的纺锤树便充分发挥了大肚子的功效。

在雨水多的季节里，纺锤树通

北京植物园中的纺锤树

过它的发达的根，拼命地吸水然后贮存到自己硕大的肚子里，等到雨季一过，纺锤树便自得其乐地享受早就贮备好的一肚子水了。就这样一个大肚子，最多可贮水 2000 千克之多，令人叹为观止。

同时，纺锤树顶上开始滋生稀疏的枝条，长出心形的叶片。旱季来临，绿叶凋零，枝头绽出朵朵红花，纺锤树又成了插着花束的大花瓶，因而当地人又称它做花瓶树。

在草原中旅行的人们，看到纺锤树就放心了，口渴的时候，他们只要在树干上挖个小口，就可以尽情地畅饮大自然的"琼浆玉液"了。

炮弹不入的"神木"

世界上的木材有软有硬，软的如棉，硬的如铁。人们把坚硬无比的木材喻为"铁木"。

"神木"生长在俄罗斯西部沃罗涅日市郊外。谈到"神木"的神奇之处，还得从 300 多年前发生的一场著名海战说起。

公元 1696 年，在当时俄国和土耳其交界的亚速海面上，爆发了一场激烈的海战。海面上炮声隆隆，杀声震天。俄国彼得大帝亲自率领的一支舰队，向实力雄厚的土耳其海军舰队发起了进攻。只见硝烟滚滚，火光冲天。当时的战舰都是木制的，交战中，彼此双方都有不少木舱中弹起火，带着浓烟和烈火，纷纷沉下海去。最终，由于俄国士兵骁勇善战，土耳其海军慢慢支持不住了。狡猾的土耳其海军在逃跑之前，集中了所有的大炮，向着彼得大帝的指挥舰猛轰。顿时，炮弹像雨点一样落到甲板上，有好几发炮弹直接打中了悬挂信号旗、支持观测台的船桅。土耳其人窃喜，他们满以为这下一定能把指挥舰击沉，俄国人一定会惊惶失措，不战自溃的。不料这些炮弹刚碰到船体就反弹开去，"扑通""扑通"地掉到海里，桅杆连中数弹，竟然一点也没有受

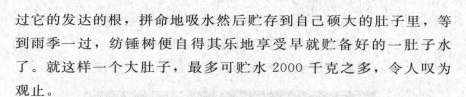

损！土耳其士兵吓得呆若木鸡，还没有等他们明白过来，俄国船舰就排山倒海般冲过来，土耳其海军只得乖乖做了俘虏……这场历史上有名的海战使俄国海军的名气传遍了整个欧洲。

今日彼得堡一景

　　彼得大帝的坐船为什么不怕土耳其的炮弹？是用什么材料做的？原来，这艘战舰就是用沃罗涅日的"神木"做成的。"神木"为什么这么坚固？当时，人们并不知道其中奥秘，只知道这是一种带刺的橡树，木材的剖面呈紫黑色，看上去平平常常的，一点也没有什么出奇之处。这些不起眼的橡树木质坚硬似钢铁，不怕海水泡，也不怕烈火烧。木匠们知道，要加工这种刺橡树木材，得花九牛二虎之力。当年，为了建造彼得大帝的指挥战舰，木匠们不知道使坏了多少把锯子、凿子和刨子。

　　亚速海战以后，俄国海军打开了通向黑海的大门。彼得大帝把这种神奇的刺橡树封为俄罗斯国宝，还专门派兵日夜守卫着刺橡树森林。沃罗涅日这座远离海洋的内陆城市，也由于生产"神木"，而以俄国"海军的摇篮"的名分载入了史册。

　　300多年过去了，关于"神木"的故事一直在民间流传，可谁也解不开其中的谜。

　　到了20世纪70年代，"神木"的传说引起了前苏联著名林学家谢尔盖·尼古拉维奇·戈尔申博士的重视，他决心用现代科学技术来解开"神木"的奥秘。

博士要做的第一件事就是测试一下"神木"的牢度，"神木"究竟是不是像传说中所描写的那样坚硬呢？为此，他在野地里用刺橡木板圈起很大一个靶场。靶场中央竖起 2000 多个刺橡木做成的靶子。谢尔盖对着神木靶子发射了几万发子弹，结果只有少数子弹穿透了靶子，绝大多数子弹部被坚硬的神木靶子弹了回来。

这个现象使博士非常惊奇，"神木"果真名不虚传！他取下几根靶上的木纤维，拿到显微镜下观察，结果发现，在木纤维的外面全裹着一层表皮细胞分泌的半透明胶质，这种胶质遇到空气就会变硬，好像一层硬甲。他进一步用仪器分析胶质成分，结果表明，胶质中含有铜、铬、钴离子以及一些氯化物等，正是由于这些物质的存在，才使得这种刺橡木坚硬如铁，不怕子弹，不怕霉蛀。

为了测试刺橡木的耐火和耐水性能，博士用刺橡木做成了一个大水池，水池的接合部分用特种胶水胶合。池子内灌满海水，并把各种形状的刺橡木小木块丢进去，将池子封闭好，过了三年，谢尔盖打开了密封的水池，取出小木块。他惊奇地发现，池子里的木块好好的，一块也没腐烂变形。博士又检查了池壁和池底，那儿的木质也是好好的，没有损坏。这个实验证实了"神木"的确不怕海水腐蚀。

另一个项目是测试"神木"的防火能力。博士把一个刺橡木房屋模型投入炉膛，这时，炉里的温度是 300℃。一个小时以后，他打开炉，模型竟原封不动地出现在他面前。原来，刺橡木分泌的胶质在高温下能生成一层防火层，并分解成一种不会燃烧的气体，它能抑制氧气的助燃作用，使火焰慢慢熄灭！

至此，"神木"的秘密总算被全部揭开了。"神木"之所以"神"，就在于它分泌的胶质。

中国铁市

众所周知，中国广西的沙田柚，果味酸甜适口，堪称"中国一绝"。可是，很少有人知道，就在沙田柚的故乡——容县，生长着一种硬度不逊于钢铁的树木，这种树木就是有"铁木"之称的铁黎木。

说起铁黎木，还要说一下坐落在容县城东人民公园内的真武阁。真武阁被人称为世界建筑史上的奇迹。这是由于此阁虽然重达数百吨，但不用一钉一铁，而是彻底的木结构。

真武阁建在北灵山上，背靠绣江，面对都峤山，掩映在一片古榕的怀抱中，环境十分优雅。这座阁共分三层，高达 13 余米，看上去很是巍峨。

广西的山水

据史书记载，这里曾经发生过许多次地震，还经历过若干次风暴的袭击，但历经劫难的真武阁却仍然毫发无伤。1706 年，一阵大风拔起了附近一根 10 米高的旗杆，周围的墙都塌了，唯独真武阁得以幸免。1875 年，当地"地震有声，屋宇皆摇"，而真武阁依然无损。1894 年，一场台风席卷而来，连根拔起了阁旁的一些大榕树，几棵树甚至被抛到了江心，邻近一些民宅也墙倒屋塌，真武阁却仍是好好的。真武阁建于 1573 年，至今 400 多年，雄风犹存，巍然屹立，这除了它建筑结构科学合理之外，还与木构件材料优良有很大关系。整个真武阁有 3000 余件木构件，这些构件全都由铁黎木加工而成。铁黎木又称格木，或铁木，刚砍伐下来时呈红褐色，日子久了便乌黑油亮，光彩夺目。

铁黎木木质坚硬，分量极重，长期埋在地下或浸泡水中也不会腐烂变形。因此，铁黎木常被用于打造家具、建筑、造船、桥梁和机械制造。

在广西，铁黎木的使用十分广泛。除了容县的真武阁外，合浦县的大木桥等一些古建筑也是用铁黎木制作的。

在植物分类学上，铁黎木属于豆科，它们多半生长在广西东南部海拔较低的温暖多雨的低山丘陵地带，一般能长到 20 多米高，树干挺直，叶片呈厚革质，有光泽。

铁黎木不落叶，每到夏天，树枝的顶端便长出 10 多厘米长的花穗，花穗上布满了白色的小花。花开花落，到了金秋，树上便长出扁扁的荚果。

稀有珍贵的"活化石"树种

1. 水杉　化石是指保存在地层之中的古代生物的遗体、遗迹，如恐龙化石。在中国植物学家发现活着的水杉之前，世界各地的科学家只在古代的地层中发现过它们的化石，并且认为水杉在地球上早已绝灭了。20 世纪 40 年代初，中国植物学家在四川省万县东部的磨刀溪发现了这种相貌非凡的大树，但根据当时已知的现存的植物资料，无法确定这是什么树。经过几年的反复考察、鉴定，最后才确认这就是亿万年前在地球上生存过的植物

——水杉。这一发现轰动了世界，水杉被称为植物界的"活化石"。

1948年中国发现了"活化石"水杉的科学新闻，使整个植物学界为之震动，被称为20世纪植物学上的重大发现。水杉在1亿

高山植物环境

年前曾分布于中国和欧亚与北美洲。到第四纪冰川时期，几乎全部被毁灭。现在世界上有很多国家向中国引进水杉树苗，水杉在国外已栽遍亚非欧美洲等50多个国家和地区。因此它不仅是中国珍贵树种之一，而且是世界上引种最广泛的树种之一。

在今天的很多地方，我们都可以看到树干挺直、绿叶扶疏的水杉，甚至在一般家庭的庭院里，都可见到它那姿态秀丽的身影。

中国川、鄂、湘边境的高山幽谷，是水杉得以存留下来的"世外桃源"。今天，我们在湖南龙山县洛塔乡仍可看到高过了十层大楼、粗得四个人不能合抱、树龄约300岁的古杉。

水杉不仅是珍贵的"活化石"，而且它有很强的生命力和广泛的适应性。它生长迅速，是优良的绿化树种，不但已在中国各地广为栽培，世界很多国家也争相引种栽培，使这珍贵的树木在全球范围内生生不息。水杉的材质良好，细密轻软，可用于建筑、生活、造纸等方面。

中国著名的"活化石"树种还有秃杉、银杉、水松、台湾杉、金钱松等。

2. 银杉　人称"植物熊猫"，是目前世界上仅存于中国的植物。远在1000万年以前，银杉就在欧亚大陆上安家落户了。但

是在距今二三百万年的第三纪晚期，地球上冰川降临，气温骤降，银杉几乎全部死亡。目前，世界各地的银杉都成了地下化石，唯有地处低纬度的中国西南部，由于群峦高耸，阻挡了冰川的袭击，才使中国西南的银杉免遭劫难。这些珍贵的树种被人们誉为"冰川元老"，是世界上最珍贵的树种之一。

3. 望天树　望天树被称为树林中的巨人，生长于中国云南西双版纳。树干通直修长，可高达 70 米，有 20 层楼房那么高，它不但高耸入云，气势

水杉

雄伟，而且生长快，出材量高。目前中国望天树的数量非常稀少，是中国一级珍贵植物之一。

4. 秃杉　中国的植物有 3 万多种，其中有不少种类为世界稀有，极为珍贵。树干粗壮高大，树形与一般树相似，然而它那裂成不规则长片条的树皮，给人以美感。

5. 桫椤　也是中国最珍贵的植物之

桫椤

一，是世界上唯一幸存的木本蕨类植物，树茎如柱，树高3至8米，直立的树干上端开叉出10多枝叶柄，均呈暗紫色，每叶长1至3米，宛如一把羽毛大伞。

6. 金茶花 是中国广西特有的最珍贵的观赏植物，如小乔木，高2至5米，树皮淡灰黄色，翠叶深绿，具蜡质光泽，似有半透明之感。每当深秋季节，金黄色花朵呈杯状，形态多姿，晶莹剔透，点缀在深绿光亮的叶丛中，显得格外秀丽别致。

能"下雨"的树

你知道吗，在美洲，生有一种会"下雨"的树，被当地人称为雨树。

雨树的叶子很长，有半米左右，中间凹陷，四周略略凸起。在傍晚时分，雨树的叶子开始吸收四周的水分，随着水分吸收的增多，雨树的叶子渐渐蜷缩起来，形成一个小袋。这个小袋里有1～2磅的水分。第二天，随着气温的升高，叶子受热逐渐张开，而其中的水也一点一滴地滴落下来，就像正在下雨一样。

无独有偶，在中国也有一棵会下雨的树，它生长在浙江省云和县，是一棵有百年历史的黄檀树。有趣的是天气越炎热，阳光越强烈，这棵树就越加起劲儿地下"雨"。在炎热的正午，人们在树下只需站立片刻，便可沐浴到清凉的"雨滴"，可谓降温良策了。

见血封喉——箭毒树

19世纪后期，英国人入侵现在的加里曼丹岛，当地的土著人没有枪炮，但他们用芦苇做箭，蘸上箭毒木的树汁，射向敌人，英军仗着现代化的枪炮有恃无恐，但没有想到，中箭的士兵竟纷纷倒地而死，其他的人不由吓得慌不择路地逃窜了。箭毒木竟然为土著人抵抗侵略、保卫领土立下了赫赫战功。

芦苇曾经被人们用来做武器

箭毒木是一种高大的常绿乔木，属桑科。在它高达 30 米的树干上，生长着十几厘米长的椭圆形叶。秋季它的果实成熟，散发出一种菠萝蜜的香气。如果你以为箭毒木是一种平常的树，你就错了。在箭毒木的白色树汁里含有一种叫毛皮黄毒苷的剧毒物，正是这种剧毒物使箭毒木成为一种见血封喉的可怕的死亡之树。如果箭毒木的汁液迸溅到眼中，就可导致失明；就连燃烧它而生的烟，也可致人失明。如果汁液进入血液中，更可使动物肌肉松弛，血液凝固，心脏跳动减慢，最终造成动物因心脏停止跳动而丧生。看来，箭毒木真是极其可怕的毒木。

当然，聪明的人们可以化害为利，他们把箭头涂上树汁，用来捕猎，猎物就肯定难以逃脱了。

难生贵子的风景树"皇后"

在松树的大家族中有个佼佼者，名叫雪松。雪松以其亭亭玉立的身姿和洁净如碧的美色，被誉为世界著名的三大观赏树种之一，故有风景树"皇后"之美誉。遗憾的是，过去这娇"皇后"从来没有在中国繁殖过后代，是什么原因呢？

雪松，属于松科常绿乔木，又名香松、喜马拉雅松、喜马拉雅雪松。它的祖籍远在喜马拉雅山西部。从阿富汗至印度特里加瓦尔的海拔 1300 ～ 3300 米地带，都有雪松的身影。

雪松，在原产地树高可达 50

雪松

米，胸径 3 米，它的干高而直，树冠如宝塔，枝叶繁茂，终年浓绿叠翠。它的枝条坚韧，长枝斜展，呈不规则轮生状，顶部与小枝呈现微微下垂的样子，显得格外婀娜多姿、肃穆秀雅、苍翠欲滴，为园林风景增添了无限秀色，因此，在公园、街心、机场适当配植绿化，不仅会使环境幽雅，还有较好的经济价值。由于雪松木材坚实，纹理致密，是一种优良的用材。

美中不足的是，雪松自从被引进中国后，这尊贵的"皇后"迟迟不肯生贵子。这是为什么呢？松树一般都是雌雄同株的裸子植物。春天新枝的基部生出雄球果，顶端生有 1～2 个雌球果，它的表面分泌出黏液，雄球果上的花粉被风吹散时，就能粘在雌球果上，使其授粉结籽。

但是，在雪松结的松塔里全是空的，很难找到一个松子。

经科学家的长期观察发现，原来雪松绝大部分是雌雄异株，雌雄同株者只占 5%。中国引进的雪松多是孤株栽植，很少成林。特别是中国的地理条件和印度、阿富汗有很大不同，这使雪松雌球果和雄球花的成熟时间相差 10 天左右，因此，当雄球花上的花粉吹散时，雌球果尚未成熟，虽有风为媒也难结良缘。因此，这"皇后"也就一直未能生下"一儿半女"。为了繁殖雪松，人们把成熟的雄球花摘下，筛选

冬季的树塔

出花粉，放在 0～5℃的冰箱里保存，等雌球果成熟时，进行人工授粉。从此，结束了中国雪松一直靠从外国引进的历史，使得雪松家族在中国也能繁衍昌盛。

不怕扒皮的树

俗话说："人怕打脸，树怕扒皮。"树皮有长在树外面的那层表皮，有长在外表皮和木质中间的韧皮。外表皮像忠诚的卫士，终日顶风冒雨，遮挡烈日霜雪，护卫着树的全身，保证树体内韧皮部上下运输线的畅通无阻。如果树皮遭到破坏，就会使运输线受阻，造成根部得不到营养而"饿死"；树上的树叶得不到水分而无法进行光合作用，也就慢慢枯萎。可见，树怕扒皮的说法是有道理的。大千世界，无奇不有。虽然在世界上不怕打脸的人不曾听说有过，但不怕扒皮的树倒确确实实存在。

树皮可是个大家族，有多少种树就有多少样的树皮。树皮有的光滑，有的粗糙；有的薄，有的厚；有红色，也有白色……真可谓形形色色，千奇百怪。

可是，树中也有在扒皮之后，仍能死里逃生的"硬汉子"。栓皮栎树就是一个例子。栓皮栎树在一生中（寿命为100～150年），虽要经过几次扒皮，却不会"伤筋动骨"，而且仍然生命不息，健壮地成长。这其中的奥秘在于栓皮栎树的皮下长有一层栓皮的"形成层"，它可以向内分生出少量活细胞，称为"栓内层"，向外侧分生出大量的栓皮细胞，称为"软木"。随着树木的生长，栓皮也逐年加厚，5～6年就可以扒1次皮（"处女皮"要等20岁以后才能剥去）。但在扒皮时要注意留下有

栎树

生命的栓皮"形成层"，只要它不受伤害，就仍然可以照常输送水分和营养，栓皮栎树也就能死里逃生。

栓皮栎树皮是一种软木，看上去很像鳄鱼皮。它的用处可大了，用于生活上可作桶盖、瓶塞等；用于工业、交通、国防建设方面，它是物品冷藏中最佳的隔热材料；它又是物理、化学试验中良好的保温材料；还是汽车汽缸中优良的密封材料。在人们追求"自然美"成为高雅时尚的今天，软木又在建筑装饰上获得了一席之地。

科学家对树木"形成层"的研究，正在应用于对杜仲、黄柏、厚朴等制作中药材的树木的取皮上，从而告别了过去那种"杀鸡取蛋"、"砍树取药"的笨办法。如果这方面的研究能应用于更多的树种，人们的生活中将会有更加丰富的树皮制品。

最高大的泡桐

　　世界上最高大的桐类树，是生长在中国四川省酉阳县老寨乡的一株白花泡桐树。

　　这棵有 75 年树龄的白花泡桐，树高达 44 米，树干直径为 134.4 厘米，体积可达 20 多立方米。真可谓泡桐王国的"巨人"了。

　　在现有的桐类树中，有棵被编为"酉阳一号"的白花泡桐不仅为中国最高大的泡桐树，也是世界上无与匹敌的桐树之王。

泡桐树

"皮肤树"

　　"皮肤树"只生长于墨西哥的奇亚巴州，它的本领是对治愈皮肤烧伤有奇效。

　　"皮肤树"无法移植成活。当"皮肤树"生长了八九年后，当地人把树皮剥下来晒干，当作柴火使用。经过燃烧后的树皮研制成粉末状再经过细筛，就留下了一种咖啡色的粉末，就是这种粉末，对烧伤皮肤的恢复有神效。人们将它敷在烧伤处，很快创面就长出了新的皮肤。

墨西哥的红十字医院就利用"皮肤树"的神奇粉末,已治愈了2700名大面积皮肤烧伤的患者,使病人不再受伤痛之苦。

专家们通过试验证明,"皮肤树"所产出的这种粉末具有极强的镇痛功效,含有两种抗生素和促使皮肤再生的刺激素。

"皮肤树"该是大自然馈赠人类的珍贵礼品了。

四季丰收的橄榄树

橄榄树

在广东省的丰顺县黄金镇三合村,有一个叫陈焕光的村民,他种有一棵四季结果不断的奇特橄榄树。

这棵树春夏秋冬四季硕果累累,而且果实与树花互相映衬,别有情趣。这棵树的树龄已达60岁,四季结果是从1984年开始的。每年4次开花结果,虽然果实小一些,产量不算多,但是果味却是香甜可口的。

如果把橄榄树四季结果的秘密揭开,并推广到其他树种上,不是会大大提高果树的产量吗?人们已经在研究了。

"鸽子树"之谜

1. "花朵"像鸽子的树

1869年春,在中国四川青衣江上游的宝兴地区,一个叫穆坪的地方,来了一个满脸大胡子的高鼻深目的法国传教士。他名叫大卫，这一年 41 岁，是第二次来到中国。大卫的兴趣十分广泛，尤喜种植花草，采集植物标本。他 32 岁那年，借传教的机会，到中国的河北地区采集植物标本。3 年以后，他带着大量标本返回了法国。

鸽子树

大卫来到穆坪，眼前葱茏一片的植物世界，令他惊叹不已。一天，他来到一片树林间的开阔地，看见了令他终身难忘的情景。事后大卫回忆道："我来到一处美丽的地方，看到了一棵美丽的大树。那树上长满巨大的美丽的'花朵'。'花'是白的，好似一块块白手帕迎风招展。春风吹来，又好像一群群鸽子振翅欲飞。"

大卫把这种大树称为"中国的鸽子树"。事后他还发现，鸽子树的白色大"花"实际上并不是真正的花，而是它的苞片，这种苞片最长可达 15 厘米，宽 3～5 厘米。我们所看到的鸽子树"花"既然是苞片，那么真正的花在哪儿呢？

大卫仔细研究了"鸽子树"的结构，这才知道，"鸽子树"花的数量很多，但却很小，许许多多的紫红色小花组成了一种叫做头状花序的结构。在头状花序中，雄花数目很多，它们大部长在花序的周围，而中央则是雌花或两性花。"鸽子树"的花序直径约有 2 厘米，它们处于白色苞片的包围之中，微风吹来，人们只看到鸽子般展翅的苞片，却忽略了花序的存在。

大卫将"鸽子树"的标本带回了法国，植物学家们竟将"鸽子树"命名为"Davidia involucrata"。"involucrata"的意思是"有苞片的"。"Davidia"意思是"大卫发现的"。由此可见，大卫"发现"的鸽子树，在植物学家的心目中分量有多重！

2."鸽子树"其实就是珙桐

现今我们知道，"鸽子树"其实就是中国特有的"活化石"——珙桐。珙桐的科学价值之所以珍贵，是因为在距今 200~300 万年以前，珙桐的"足迹"遍布全世界，但由于第四纪冰川的影响，珙桐在世界上绝大多数地区都绝迹了，而在中国贵州的梵净山、湖北的神农架、四川的峨眉山、云南的东北部地区，以及湖南的张家界和天平山的海拔 1200~2500 米的山坡上还留有小片的天然树林。这些远古年代的遗物，就像地层中的古生物化石一样，能帮助人们了解与地球、地质、地理、生物等有关的许多奥秘，又由于它们是活着的，因而叫它们"活化石"。正由于这个原因，珙桐成为中国的一级保护植物，国家还专门为这些"活化石"划定了保护区。

19 世纪末，珙桐被引种到法国，以后又来到英国以及其他国家。如今在瑞士的日内瓦市，人们常在庭园里栽种珙桐。

珙桐的果实成熟时，颇像一个个尚未成熟的野梨，因此，在产珙桐的地方，珙桐又被叫做水梨子或木梨子。虽然此"梨"果肉酸涩难以下咽，但对于渴到极点的赶路人来说，这"梨"倒也能救急。

珙桐的树形优美，是一种很好的绿化树，种子含油量达 20％，是一种利用价值颇高的珍贵植物。

可怕的"吃人树"

在内尔科克斯塔的莫昆斯克树林中，有一块近百平方米的地方用铁丝网围住，在它的边上竖着一块醒目的牌子，上面赫然写着："游人不得擅自入内。"在它旁边还立着一块巨大的木牌，那上面详细地记载着过去曾在这里发生过的不幸事件，提醒游人珍惜生命。

在这圈铁丝网中，矗立着两株巨大的樟树，它们的躯干庞大，直径足有6米多。其中一株樟树，由于生长日期久远，树的底部已经腐烂，露出一个3米宽、5米高的树洞。两株樟树相距10米远。据专家分析，它们已经有4000多年的寿命。

1971年9月，法国人吕蒙梯尔、盖拉两人带着他们的家人来莫昆斯克度假，他们几乎是年年都来内尔科克斯塔度假的，只是到莫昆斯克丛林还是第一次。

两家人到了莫昆斯克后，大人们便开始忙着安排宿营和晚餐。吕蒙梯尔去丛林拾拣干枯树木，准备烧火做饭。他的儿子欧文斯也闹着要一起去，盖拉的儿子见小伙伴要走，也嚷着要去，因此吕蒙梯尔带着两个小家伙走了。来到丛林深处，吕蒙梯尔自己拣柴火，两个孩子却自顾自地游戏去了。

没多一会儿，吕蒙梯尔就听见两声叫喊，他听出是两个小家伙发出来的，心一紧，丢了柴火，便向声音发出的地方奔去。他知道非洲丛林中有许多食人猛兽出没。就在他跑出10多米远时，突然觉得自己的身体变轻了，跑起路来一点也不费力，接着他的身体居然飞了起来，竟然直向前面一棵大树撞去。吕蒙梯尔双手挥舞着，大声叫道："不！不！放下我，放下我。"

"砰"的一声，吕蒙梯尔弹在了树上，立即昏了过去。当他醒来时，发现自己紧紧地贴在树上，无法动弹。不知什么时候，欧文斯和亚博两人已经来到他身后，对他说："快脱掉衣服，否则你无法离开这棵大树的。"

他转过头来，发现自己的头和手可以动，但穿了衣服裤子的部位就不能动，再一看，儿子和亚博的衣裤正贴在树上。

欧文斯赶紧上来用刀划烂父亲的衣裤，吕蒙梯尔才从树上滑下来，最后还咒骂了树一句。吕蒙梯尔想从树上拔下衣裤来遮挡身体。没料到他刚一接触衣服，又被树木吸住，他吓了一跳，再也不敢扯那衣服就带着两个孩子回去了。

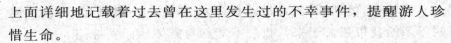

第二章 奇趣树木

快到宿营地的时候，吕蒙梯尔对儿子说："你们先回去，你叫母亲给我带条裤子来，我总不能赤身露体地回去呀。"

两个孩子听话地回去了，不一会儿，亚博的母亲盖拉太太来了，看见吕蒙梯尔的样子又羞又惊，忙问他是怎么回事，还要让他们带她到大树那里去看一看。吕蒙梯尔连忙拒绝，说："假如被那大树吸住的话，只有脱光了衣服才能离开那里，我们现在去，让你丈夫和我妻子菲莉看见了，那怎么是好。"

当盖拉回来后，盖拉太太硬拉着丈夫，随儿子亚博去看稀奇了。约半小时后，只见亚博惊慌失措地跑来，告诉吕蒙梯尔："我爸爸请你赶快去，我母亲被吸进了一个大树洞里，请你快去帮助救我妈出来。"

神秘的大森林

10多分钟以后，盖拉赤裸裸地哭着回来了，他对吕蒙梯尔伤心地说："我妻子死了。"盖拉说他们走到那里时，盖拉太太首先飞了起来，向一株大樟树飞去，盖拉想上前拉住妻子，却被吸到相反的方向，撞在另一棵树上。这棵树木才是吕蒙梯尔遇见的那一棵，而他太太"飞"向了另一棵树。

儿子亚博早有准备，他是光着身子来的，他看见母亲飞进树洞，跑去一看，里面黑糊糊的，不敢钻进树洞去救母亲，就将另一棵树上的父亲救下。盖拉忙叫儿子去告诉吕蒙梯尔一家，自己走进了树洞，里面又黑又湿，他鼓起勇气叫着妻子的名字，却没有得到回应。待他走到洞的深处，发现太太已经曲卷成一团死去了。

吕蒙梯尔责怪盖拉为什么不脱掉他妻子的衣服，盖拉说他当时太紧张，没有想到这件事。待他俩再次来到树洞准备将盖拉太太的尸体搬出来时，哪里还有一个人影儿。

这件事传开以后，有三个年轻人争着要去体验一下。他们三男四女共七人来到莫昆斯克。罗德兹等三个男青年发现，无论如何他们也只能被吸到右边的那棵树上。其中一名叫斯兰达的青年做过一次试验，他穿上衣服，靠近左边有树洞的樟木树时，不但没有被吸入洞中，而且可以顺利地走过走出。

这个试验表明，有树洞的樟树，对衣服没有吸引力，而右边的那棵树，不管什么布料都会被吸上去，而且布料在树上停留两个小时后，就会消失无踪，像被吸收了似的。因此，他们怀疑以前盖拉在撒谎。由于盖拉说，他走进洞里看见他太太死去，但没有力气将她拖出来，理由是盖拉太太穿着衣服。然而现在的试验表明，这个洞根本就不可能吸住人，而且，当吕蒙梯尔再进来时，这里根本就没有人。为了证实自己的推理的正确性，他们又做了一个实验，斯兰达穿戴整齐，贴在右边那棵会吸住人的那棵树上，两小时后，大家吃惊地看到斯兰达身上的布料像被风化了一样荡然无存，而他则完好无损地落下地来。

回到营地，他们向四名女青年添油加醋地描述他们的试验经过，逗得她们心里痒痒的，都想亲自去看看这两棵天下奇树。三名男青年见劝不住她们，又想并没有什么危险就由她们去了，只是罗德兹远远地跟在她们后面。当四个姑娘离樟树只有七八十米远的时候，罗德兹陡然看见四个大姑娘一齐飞了起来，她们惊叫着冲进了会吸引人的树旁边那棵有洞的樟树洞口。他大叫着"快脱衣服"，并迅速脱下自己的衣服赶去救人。

那大树洞口一下子不能同时吸进四个人，其中一个姑娘手扒住洞口，拼命地呼喊着罗德兹快去救命。罗德兹来到树前，看见姑娘的双腿和大半个身体已经被吸进洞去，只剩头和双手还在树外，但不到两秒钟，她就再也无力抵挡被吞进了树洞。

罗德兹不顾一切地冲进洞中，见四个姑娘挤在一起，当时还有呼吸，他迅速扒光其中一个姑娘的衣裤准备往外拖，却怎么也拖不动，待他再去摸鼻时，发现所有的姑娘都没了呼吸。而他却很纳闷，怎么自己一点事也没有？

等罗德兹回去叫来同伴返回洞中时，洞中却空无一人，她们不知到哪里去了，洞中只留下四对耳环和五枚戒指。

三个青年回到温得和克，并向政府讲述了这件事。有人为此建议政府砍掉这两棵害人的大树，但当地政府就是舍不得，最后用铁丝将它们围起来了事。

原始森林中，奇异的动植物很多

这是多么可怕的植物啊！类似这样的文章我们也经常可以读到。有的报道说这种植物就生长在印度尼西亚的爪哇岛上，有的说在南美洲亚马逊河流域的原始森林中也发现了吃人植物。由于文章中详细逼真的描写，结果使很多人都相信，在我们这个人类居住的星球上，似乎真的存在一种会吃人的植物。

吃人植物的传说，很容易使普通人信服，可是严肃认真的植物学家却对这样的说法产生了很大的怀疑。由于在所有发表的关于吃人植物的报道中，都缺少吃人植物的真凭实据，即清晰的照片或实实在在的植物标本。植物学家们决心把吃人植物的问题查个水落石出。

吃人植物的最早传说是从哪里来的呢？科学家们查阅了大量文献资料，终于发现，有关吃人植物的最早消息来源，是来自于19世纪后期的一位德国探险家。此人名叫卡尔·里奇，他在去非洲探险归来后于1881年写过一篇探险文章，提到过吃人植物。卡尔·里奇在文章中写道：

"我在非洲的马达加斯加岛上，亲眼见过一种能够吃人的树木，当地的主人把它奉为神树。这种树的树干有刺，长着8片特大的叶子，每片长达4米，叶面上也有锐利的硬刺。曾经有一位土著妇女，恐怕是由于违反了部族的戒律，被许多土著人驱赶着爬上神树，接受神的惩罚。结局十分悲惨，树上的带刺大树叶，很快把那个女人紧紧地缠住，几天之后，当树叶重新打开时，一个活生生的人已经变成了一堆白骨。"

从此，世界上存在吃人植物的骇人传闻，很快就到处传开了。后来，从亚洲和南美洲的原始森林中，也传出了类似的传闻，吃人植物的消息越来越多，越传越广。

为了证实这些传闻，1971年年底，一支由南美洲科学家组成的大型探险队，专程赴马达加斯加岛考察。他们在传闻有吃人树的地区进行了一遍又一遍的仔细搜索，结果并没有发现卡尔·里奇所描述的吃人树。

除此以外，英国著名生物学家华莱士，在他走遍南洋群岛后，叙述了许多罕见的南洋热带植物，但也未曾提到过吃人植物。因而植物学家越来越倾向于认为，世界上也许根本就不存在这样一类能够吃人的植物。

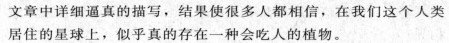

那么，吃人植物究竟是不存在呢？还是人们没有再次发现它们呢？

长个最高最快的竹子

植物之所以能长高增粗，是由于分生组织的细胞分裂、增大、伸长的结果。分生组织有的位于植物的茎尖；有的在根尖；有的在植物侧面的形成层；有的在每一茎节间的基部。竹子的每个节间的下部都具有分裂能力极强的居间分生组织。这些细胞在春天温暖、湿润的条件下，旺盛地分裂，迅速伸长。这样，竹子的每节分生组织同时活动，竹子也就迅速地长高了。有记录的最高竹子是龙竹（也叫大麻竹和印度麻竹，或称高大牡竹）。

有一则报道：在南亚斯里兰卡的贝拉迪尼亚植物园里，有几株竹子的高度达 30～35 米，此即为龙竹。在分类学上它属于禾本科竹亚科牡竹属。该属约 30 种以上，均为乔木状竹类，一般高 24～30 米，地下走茎（竹鞭）粗短，杆丛生，竹梢常下垂；节间深绿或灰绿色，长约 40 厘米，直径 20～25 厘米，据说一节就能制成一个不算太小的水桶。巨大的竹竿可作建筑用材和引水管。本属大部分种类产于亚洲东南部、印度、斯里兰卡、缅甸等地，中国也常见栽培。中国约有 10 多种，分布于西南部和南部各省份。另外，据称 1904 年 11 月在印度巴塔齐砍伐了 1 根印度麻竹，这根竹长达 37.03 米。它属禾本科竹亚科的麻竹属。

有人路过一片茂密的竹林，打算在这儿过一夜，他随手把帽子挂在一株青嫩的竹子尖上。夜里，竹林里不时传来"叭叭"的声音，仿佛是一首催眠曲。第二天，这个人一觉醒来，想赶路时，却发现帽子被竹子顶得高高的，得跳起来才能够着。是谁跟他开玩笑，把帽子给抛上去的吗？不是，原来是那棵青竹开的玩笑，它长个儿了，一夜之间高了 40 多厘米，难怪那个人够不着帽子了。而夜里听到的"叭叭"之声，竟是竹子拔节的声音。竹子真不愧是长个儿最快的植物了。有时 1 昼夜它就能蹿 1 米多。如果耐心地观察，可以看到竹子像钟表的指针一样移动着向上生长。

自然界里有不少植物都是长个迅速。像树中"巨人"杏仁桉，能长到 150 米，简直可以和白云星星交朋友了。当它栽种后的第一年就可长五六米；五六年后，就已是近 20 米的巨树了。

海岸边的先锋木麻黄负有抵御台风、防止飞沙的任务。为了适应海滩恶劣的环境，木麻黄一边深深扎根，一边迅速长高，如果条件较好，一年就

节节高长的竹林

能长高 3 米！一些去远海捕捞，数月后才能回来的渔民，居然不敢认自己的渔村了，是啊，出海时光秃秃的沙滩，现在已成了一片郁郁葱葱的木麻黄的天下。

绿化城市时，人们也爱选用一些速生树种。在中国的北方，白杨树是比较普遍的，它笔直的树干高高仡立，浓密的树阴遮蔽了夏日炎热的阳光。它的生长速度就比较快，七八年就有 10 多米高，10 几年就能用材了。人们称赞它是"5 年成椽，10 年成檩，15 年成柁"。

速生植物真给人们带来了许多益处。

树市"食品厂"

大米树 菲律宾、印度尼西亚等热带国家生长着一种能出产

大米的树，叫做西谷椰子。这种树高10～20米，富含淀粉。人们用一种竹制的斧子，把里面的淀粉刮出来，加工成像大米一样的颗粒，当地人称它"西谷米"，煮出的饭像大米一样香甜可口。

面条树 马达加斯加的山区，有一种奇异的树。它的果实呈长条形，长约2米，当地居民把这种果实叫"须果"。须果成熟时，人们把它们割下来，晒干收藏。要吃的时候，把它放到锅里一煮，加上些佐料，便成了味道鲜美可口的"面条"。

香肠树 刚果有一种树结的果实极像香肠，当地叫它"香肠树"。这种树的果实能制造黄色颜料；外壳可用来制作碗、茶杯和各种装饰品；树皮还是上等药材，能治风湿、蛇咬伤。

番瓜果树 墨西哥有一种番瓜果树，结的果实像番瓜一样。这种树每年可结20～100个果实，每个果实重达10多千克，有甜味，且含有大量润胃素，不但好吃，还具有帮助消化的功效。

羊奶树 希腊古姆斯林区有一种叫做"马德道其菜"的大树，高约3米，要3～4个成年人才能合抱。它的树身粗糙不平，每隔几十厘米就有一个绿色奶苞，会不断地滴出一些"奶汁"来。牧羊人常常把羊群赶到大树下，由大树来"喂养"羔羊，当地人便称它为羊奶树。

产油树 中国陕西有一种名叫"白乳木"的树，只要把它的树皮切开，就会流出乳白色的液体来。这种液体的含油量比芝麻、核桃、花生还要高，约为68%。其油既可用来点灯、作燃料，又可食用。

味精树 在云南贡山青拉筒山寨，有一种高约24米的阔叶树，它的树皮和叶具有类似味精的鲜味。当地人每当熬肉煮菜时，常到树下刮下一片树皮，或摘下一张树叶，放进锅里与肉菜同煮一会儿，菜肴就特别味美可口。因此，当地人就把它叫做"味精树"。

白菜树 中国云南临沧县有一种奇异的白菜树，能长出比排球还大的白菜来。一株树上可长出3～4个，砍下后，又会长出新的白菜来。

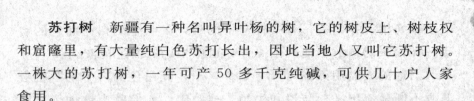

苏打树 新疆有一种名叫异叶杨的树，它的树皮上、树枝杈和窟窿里，有大量纯白色苏打长出，因此当地人又叫它苏打树。一株大的苏打树，一年可产 50 多千克纯碱，可供几十户人家食用。

产水树 马达加斯加有一种水树，它的叶片并列排成一个巨大的芭蕉扇似的。叶柄里充满了清水。过路行人渴了，割开它的叶柄就能饱饮一顿。

面包树 在太平洋、印度洋的一些海岛以及印度半岛、墨西哥、巴西等地，有一种奇特的树。每年 11 月至来年 7 月，它就开始不停地结一种奇特的果实。这些果实大小不一，小的如柑橘，大的像西瓜，当它们成熟的时候变成黄色，远望上去像是一棵树上生长了成千上万个烤好的面包。因而人们又把这种树称为"面包树"。

面包果需要在火上烤或在水中煨烧，直到果壳裂开，乳白色的果肉露出来时才可以食用。它的确有一种面包香味，而且甜中带酸，美味极了。岛上的人们喜欢团聚树下，喝酒唱歌，传吃热乎乎的面包果。人们还把采摘的面包果储在深坑，用香蕉叶铺好，盖上石头，过一段时间面包果发酵时再食用。人们有时还把面包果捣碎，揉成面，用椰汁、水搅拌均匀，切片烤熟了食用。面包果还能用来酿酒、制作果酱等。

淀粉树 在云南省龙江南部的丛林里，分布有一种十分珍贵的淀粉树。它们生长在海拔超过 1200 米的山林，尤其喜欢阴凉的山谷。

淀粉树的淀粉产于它灰白色的树干内。这些淀粉有时可多达 180 千克。当地的独龙族同胞收取淀粉自有招：他们把长成的淀粉树先砍成几段，然后浸于水中，下垫石块，一头接着一个木桶，然后使劲敲击树干，大团的湿淀粉便缓缓流进桶里；把这些淀粉团经过沉淀过滤，再在烈日下晒干，就做成了干淀粉。

当地的人们十分喜欢吃用淀粉树产的淀粉做的食品，如果你去那里，也会受到他们的"淀粉食品"的款待呢。

牛奶树 在南美，有一种奇特的树，名叫牛奶树。和它的名字一样，牛奶树的确能产出一种味道像牛奶的白色树液。

当地的人们用刀在树干上划个口子，乳白色的"牛奶"就会源源不断地流出来，味道和牛奶一样鲜美。人们就把这种树又亲切地叫做"木头母牛"。

牛奶树的生命力茂盛，不久树干上的刻痕便会消失，等待着人们再一次来"挤奶"了。

蛋树 在欧美，有时可见到一种树，树叶丛中悬着一颗颗"鸡蛋"。是人挂上去的吗？显然不是，原来这是蛋树结的蛋形果实。这种蛋形果，味似甜瓜，营养丰富，可做成冷盘或直接食用，因此很受人们的欢迎。

尽管蛋树分布于欧美的一些地区，但它的祖籍却是中国。侵入中国的西班牙人把它带到欧、美，使它们在国外安家落户，但可惜的是，在中国这种奇特的蛋树已经绝种了。

果中之王——榴莲

榴莲俗称麝香猫果，原产于马来群岛，中国海南、两广、湖南等地也有栽培。果实有奇特的味道，果肉甜美，有"果王"之称。

关于榴莲名称的由来，还有这样的传说：中国明代著名航海家郑和下西洋时，与随行者一起品尝了一种不知名的大型球果，流连忘返。郑和便为它取名"留连"，就是今天的

"果王"榴莲

榴莲。

　　榴莲属木棉科，是常绿乔木，高达 25 米，枝繁叶茂，树冠很像一把撑天蔽阳巨伞。叶长椭圆形、革质，叶面光滑，叶背有鳞片。花形大，带白色，聚伞花序。果实近于球形，果长约 25 厘米，每个重三四千克，果皮黄绿色，长满锋利的本质刺，很像一只大刺猬。果肉嫩黄，香甜油腻，食后余香不绝。榴莲的种子外面包裹着乳白色的假种皮，有奇特的味道。种子可以炒食。

　　素有"水果王国"之称的泰国，盛产榴莲，每到旺季，泰国各地城乡处处飘散着榴莲的果香。

果中皇后——荔枝

　　荔枝是古今中外驰名的中国南方珍贵水果。它色、香、味、形俱佳，因此被誉为"果中皇后"。

　　中国是荔枝的故乡，也是栽培荔枝最早的国家。

　　荔枝属于无患子科的常绿乔木，高约 20 米，是长寿而高产的果树。在福建莆田县有株名叫"宋香"的古荔，树高 6.4 米，树冠占地 60 平方米，树龄已有 1300 多岁，至今枝叶苍翠，春华秋实，年产荔枝约 150 千克左右。四川宜宾县有棵千年荔树，株产曾高达 1500 千克之多。

　　经过两千多年的培育，中国已有 70 多个荔枝名产品种。荔中绝品是莆田的"陈紫"，有鸡蛋大，果壳紫色，果浆甜中透酸。宋代文豪苏东坡有"日啖荔枝三百颗，不辞长作岭南人"的名句。荔枝佳品是广东增城的"挂绿"，它的果形如鸡卵，肉厚核小，质脆汁甜，入口留香，风味极佳。广东还有个特异的品种叫"水晶球"，白花、白壳、白肉、白核，而果浆红如血，味甘，香沁肺腑。还有早熟高产的"三月红"；迟熟而肉厚浓甜的"糯米糍"；果色艳丽、散发桂花香的"玫瑰露"。甜中带蜜味的"妃子笑"，出自唐朝皇妃杨贵妃尝荔的故事，诗人杜牧有"一骑红尘妃子笑，无人知是荔枝来"的诗句。

荔枝的营养丰富，是一种高级滋补果品，有养血、消肿、开胃、益脾的药用价值。

超级水果——中华猕猴桃

中华猕猴桃别称羊桃、藤梨、仙桃等，是近年来国际上新兴的"超级"水果。它起源于中国野生藤本植物，因形状如梨，颜色似桃，猕猴很喜欢吃，而取名为猕猴桃。中国发现和栽培猕猴桃已经有一千多年的历史。

1847~1900年，英国最早从中国引进野生猕猴桃，称"中国鹅莓"。因中华猕猴桃的果形很像新西兰的国鸟几维，因而从1906年开始，新西兰也开始引种，并取名"几维果"。现在，猕猴桃已成为新西兰的主要果树之一，产品几乎垄断了国际市场。

中华猕猴桃属猕猴桃科，为落叶木质藤本植物。它分布广，产量高，果形大，质量好。植株如葡萄藤，雌雄异株，夏季开花，花朵芳香，诱蝶传粉，蜜腺发达，花期长达4~6个月，是理想的蜜源植物。结浆果卵圆或圆柱形，9~10月成熟。单果重50克左右，最大有170克。果肉黄白色或绿色，果肉中有黑褐色芝麻状种子500~1200粒，可用种子繁殖。

中华猕猴桃浑身是宝，果实营养丰富，含糖量8%~14%，含酸量1.4%~2%，可溶性固形物12%~18%，还含多种氨基酸。每百克鲜果肉中维生素C含量为150~420毫克，比柑橘高5~10倍。鲜果酸甜适度，清香可口。国外把猕猴桃视为珍品，用果肉作宴席冷盘，备受欢迎。近年来，它还被列入太空人的食谱。

猕猴桃还可加工成罐头、果汁、果酱、果脯、果干等多种食品。陕西商南县生产的"猕桃酱"，四川灌县用猕猴桃制成"茅梨酒"，都名扬海外。

据最新研究，猕猴桃汁中有两种以上新的活性物质，能阻断

营养丰富的猕猴桃

致癌物质亚硝胺在人体内合成，因此受到国际肿瘤研究机构的重视。

隐花之果——无花果

"无花果"实际上是有花的，只是它的花朵隐藏在肥大的囊状花托里，在植物学上称为"隐头花序"。

它的肉质花托的内壁上，生长许多绒毛状的小花，淡红色，上半部为雄花，下半部为雌花。有的品种里面有寄生蜂产的卵，日后就靠卵化出来的寄生蜂传粉结出种子来，因此被称为虫瘿花。人们吃的无花果并不是果实，而是膨大成为肉球的花托。由于种子小而软，在生食时常感觉不出来。

无花果的老家在西南亚的沙特阿拉伯、也门等地。全世界栽培无花果的品种有一千多个，可分为四大类：普通型有单性结实习性，一年结两次果；斯米尔型只有雌花，依靠无花果寄生蜂传粉才能结果；野生型有雌花、虫瘿花，但雌花少，结果小，可供授粉用；中间型是春季开花，不受粉能结果，秋季受过粉，才能

无花果

发育成无花果。

无花果味道鲜美，营养丰富。鲜果中果糖和葡萄糖的含量高达15%～28%，香甜如酥，可加工成蜜饯、果干、果酱和罐头食品。果干入药，能开胃止泄，治疗咽喉痛，是治疗喘咳、吐血和痔疮的良药。

在植物王国中像无花果这样结果不见花的树，还有榕树、菩提树、橡皮树、薜荔等。

微花巨果——波罗蜜

波罗蜜以味甜如蜜、香气浓郁、果实大得出奇而闻名。它的树姿雄伟，是常绿大乔木，树高可达二三十米。花单性，雌雄同株，开小花结大果。果实有30～60厘米长，一般20千克重，最大的有40多千克，为聚花果。

波罗蜜的开花结果与众不同：四五岁的幼树在主枝上开花结实，随着树龄的增加，结果部位逐步下移，出现老茎开花挂果的奇观。更有趣的是，树到老年，主根上也会结实。如果栽在竹屋边，树根会伸入屋下，果实破房而入，满室生香。

波罗蜜原产印度和马来西亚，约在千年之前，由印度传入中国海南岛。从此，中国南方各地也有栽培。

波罗蜜的果实可生食，种子如粟子大，内含大量淀粉，可以炒熟吃或煮熟当饭吃，味同芋芳，因此又被称为木本粮食作物。波罗蜜树木纹直，结构细致，可制家具，木屑可作黄色颜料。全株有乳汁，黏性很强，可制作黏合陶器的树胶。树叶和树液可供药用，有消肿解毒作用。

在树干上结果的波罗蜜

植物大观

第三章　五彩缤纷的花卉世界

万紫千红的花色

古诗说"万紫千红总是春"，每当春回大地，黄色的迎春花，浅红色的樱花，粉红色的桃花，紫红色的紫荆……就纷纷开放，万紫千红，瑰丽夺目，让人目不暇接，心旷神怡。世界上有成千上万种的花，有的花鲜红似火，有的花洁白如雪，有的蓝像大海，有的绿若翡翠……真是五颜六色、娇艳万分。

花瓣颜色是由花瓣内的色素决定的。这些色素包括类胡萝卜素、花青素等。类胡萝卜素能够在黄、橙、红之间变化，黄色的花朵就是由于花瓣里含有类胡萝卜素。类胡萝卜素不仅存在于花瓣中，还存在于植物的根、叶、果实里面，如秋天的黄叶子、成熟的黄香蕉都是由于有类胡萝卜的缘故。花青素能够在红、蓝、紫之间变化，并且变化的花样极多，色彩也极其艳丽，如蓝色的矢车菊、绚丽的郁金香等。有趣的是，同一种花青素还会受花瓣细胞液酸碱度变化的影响而改变颜色。

三醉木芙蓉能日变三色，早上呈白色，中午开成浅红色，到傍晚则如晚霞成了深红色了，像一位佳人饮了酒，脸色就渐渐由白变红，由浅变深了。怪不得人们给它取了个"三醉"的名字。弄色木芙蓉更有变色的绝招，第1天它是白色，第2天成了浅红，第3天则变成浅黄，第4天又成了深红，到花落之时已换了一身紫衣了。

此外，如果摘一朵红色牵牛花泡在肥皂水里，红花会顿时变

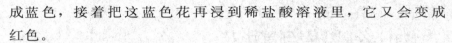

成蓝色，接着把这蓝色花再浸到稀盐酸溶液里，它又会变成红色。

另外，花瓣里如果含叶绿素较多，花就会呈现绿色，如果花瓣里不含色素，看起来就是白色的。

蝴蝶在传授花粉

那么，花儿到底有多少种色彩呢？有人曾经统计过4000多种花色，发现有白、黄、红、蓝、紫、绿、橙、茶、黑等9种色彩。花中白花最多，其次是黄花、红花、蓝花、紫花、绿花、橙花、茶花，最少的是黑花。

花色的种类由多到少也是按这个顺序排列的。

以往，人们一厢情愿地认为花儿朵朵是供欣赏、采摘的，实际上，花儿有各种各样的颜色，是为了自己传宗接代的。由于昆虫们正是在各种花色的吸引下，前来采花传粉的。昆虫与植物之间，似乎存在着某种默契。在夜间开花的花颜色都很淡，大多呈白色，因为夜晚是蛾类活动的频繁时刻。许多昆虫视力较差，它们都把红色误作灰黑色，因此纯红色的花在温带地区较少。蜜蜂、丸花蜂、黄蜂偏爱粉红色、紫色和蓝色，蝇类和甲虫却喜欢暗黄色花朵。在非洲热带森林里，有一种木本植物，花朵小而颜色淡，没有任何气味，但有一种蝴蝶特别喜欢它，无论花儿多么不显眼，蝴蝶都能毫不费力地找到它并为它完成传粉大业。

为什么很少看到黑色花

春天，各种各样的花儿竞相开放，五颜六色的花朵把大地装扮得五彩缤纷。

花怎么会有各种鲜艳的色彩呢？原来，植物花色的形成大多是受基因控制的，因此是可以遗传的。植株体内存在着花青素和类胡萝卜素。花青素是一种有机色素，极容易受环境的影响而变化，它使植物花的颜色在红、紫、蓝之间变化，而类胡萝卜素本身就有 60 余种颜色，因而使花在黄、橙、红之间呈现许多不同的颜色。另一个很重要的原因是太阳光由红、橙、黄、绿、青、蓝、紫七种颜色组成。花的组织，尤其是花瓣，一般都比较柔嫩，容易受到高温伤害。自然界中红、橙、黄色的花较多，这是由于它们能反射太阳光中含热量较多的红光、橙光、黄光，不引起灼伤，起到自我保护的作用。

世界上花的颜色虽然很多，但黑色的花却十分稀少。由于黑色可以吸收全部的光波，这样，在太阳光下升温快，花组织容易受到灼伤，不利于花的自我保护，加上不容易培育，因此，黑花能自然保存下来的品种寥寥无几。另外，要人为创造黑色品种十分困难，即使通过杂交，获得黑花的几率也极其微小。因而在万紫千红的花朵中，墨菊、黑牡丹自然被封为花中珍品了。

花蜜之谜

百花之中，我们经常可以看到辛勤忙碌的蜜蜂，它们在忙着采蜜呢。许多花都能泌出花蜜，花蜜是花朵中蜜腺细胞的分泌物，含糖丰富，所以被人们称作甜蜜。花儿泌蜜的多少要看天气，通常在暖和、晴朗的天气（气温 16℃～25℃）蜜多，阴雨连绵（气温低于 10℃）则蜜少。

雨水多少和蜜也有关系。雨水多，蜜就变得稀薄。此外雨水还能冲走花蜜，这对开敞式的花儿如椴花、柳兰花、枣花最有影响。

风对花蜜也有影响。强风（尤其是西北的干冷风）蒸发量大，使蜜腺细胞萎缩，花蜜自然减少。

有趣的是同一株植物上，上部花儿的蜜远比下部花儿的蜜少，这是由于下部花开得早，尽先夺去了养料的缘故。

农学家的经验证明，当种植草木樨、苜蓿、荞麦这类出蜜的作物时，如施用磷酸盐和钾盐的合肥，则促使花儿出蜜多，如氮肥多则蜜少。由于有前者能使花儿长得丰满，自然蜜多，后者促使枝叶徒长，对产蜜不利。

此外，花儿多半在刚开、没有经过传粉受精的时候蜜最多，受精后就不出蜜了，因此蜜的产生是花儿招引昆虫（主要为蜂蝶）为之传粉的又一绝技。

蝴蝶

春天，蜂蝶纷纷访花就是要采蜜（有一类花如罂粟、蔷薇、芍药等不出蜜，称为粉花）。当蜂蝶采蜜时，顺便把花粉带到其他花朵上，这在客观上起了传粉作用。

蜜蜂对花蜜最为敏感。1929 年一个科学家做了个有趣的试验：他用彩纸做了些假花扎在树枝上，蜜蜂根本不理，后来他在假花中注入了花蜜，蜜蜂就飞来了。

花蜜有一股特殊的甜味，蜜蜂就用它触角上的嗅觉器官探索，到花朵中蜜的隐藏处采蜜，而且它的味觉器官能辨别甜、酸、咸、苦等味，因此它能知道蜜的好坏。

据科学家统计，中国产蜜的植物多达 3000 多种，其中蜜多者有几十种。枣花的蜜有甜、香、浓三大特色，蜜蜂爱采食，并且采食时常呈呆笨的姿态，所以中国北方地区有"蜂吃枣蜜而醉"的农谚。此外，南北各地的荆条、油菜、紫云英、乌桕、龙眼、荔枝等的花蜜均多而好；柿花、荞麦花的蜜则较淡薄。

变色花

十几年前，生物学家在一项研究中，发现了欧洲有一种会变颜色的花。花在早晨呈乳白色，中午转为粉红色，傍晚变为深红色，第二天清晨则变为紫罗兰色。这样变来变去，直至花朵凋谢为止。

无独有偶，生物学家又发现了一种会变颜色的奇妙的花，它的花朵原来是红色的，但是随着传播花粉动物的变化，花朵会从红色变成白色。这种花叫红菖蒲。经过观察发现，在盛夏时，当传播花粉的蜂鸟一离开红菖蒲花，花朵就会从原来的红色变化成为白色，并有许多飞蛾在红菖蒲花丛中飞来飞去，为红菖蒲传播花粉。

红菖蒲的花朵为什么会变色呢？原来，红菖蒲花生长在美国西南部的山地，通常在七月中旬开花。当高地上的红菖蒲花大部分开放着鲜红色的花朵时，其时正好是蜂鸟从高地向低地迁移的时候。而飞蛾喜欢白色的花朵，因而红菖蒲花要改变颜色，以招来新的花粉传播者。据统计，那时的红菖蒲花大约有 40％变成了白花。它为了赢得飞蛾的喜欢，采取主动的行动来适应环境，看来花朵也像动物一样聪明了。

奇花集锦

1. 报时的鲜花

瑞典著名植物学家林奈按照花开的时间先后，把各种花种在花池里。这些花各在大致一定的时间开放。蛇床子开花是 2 点左右；牵牛花是 5 点左右；野蔷薇开花是 6 点左右；蒲公英开花是 8 点左右；太阳花开是 12 点左右；万寿菊开花是 15 点左右；草茉莉开花是 17 点左右；夜繁花开是 20 点左右；丝瓜花开是 21 点左右。如果你仔细观察，还会发现许多植物开花时间的规律，可以用来制造更精确的林奈式"鲜花时钟"。

无独有偶，在中国云南省的耿马县生长着一种奇特的花卉，它所开的花宛如钟表一样，人们给它起了个形象的名字，叫"钟表花"。

钟表花在夏季开花，花朵分为三层，最外层为 5 片白色花瓣，这是表壳；中间一层是十分细的须，有一个紫环，像是刻上刻度的装饰精美的表盘；最里面一层则是 3 片凸起的黄色花蕊，似表蒙子；花心则是 3 根针状物，恰似钟表的时、分、秒针。

钟表花，真是自然造就出的杰作。

2. 气象花

许多动物有洞察天地的本领，有趣的是，有些植物也有这种奇术，甚至它们还会像气象台那样预报天气呢！

在澳大利亚和新西兰生长着一种奇特的花，比中国的菊花大 2～3 倍。这种花的花瓣对湿度很敏感，当空气湿度增加到一定程度时，花瓣就会萎缩，把花蕊紧紧地包起来，说明不久将会下雨；而当空气湿度减少时，花瓣又会慢慢地展开，说明天气不会下雨。这种花被大家称为"报雨花"。

3. 变色报时花

纳米比亚生长着一种奇特的花。天刚亮时它呈白色，中午花色由白变黄，下午转为枯黄，黄昏呈深红色。其颜色会随时间推移而不断变化，是一种很有趣的报时花。

4．带电花

墨西哥生长着一种带电的野花，清晨电压最弱，中午电压最强，下午电压又减弱，晚上完全消失。人或动物接触它时，便会触电，喜食花卉的动物也不敢接近它。

5．食人花

玻利维亚的沼泽地区生长着一种奇花，专靠捕食昆虫为生。它叶子的边缘生有一些刺针似的幼毛，能开能合。如果昆虫爬上它的叶片，它会立即合起来，昆虫就无法逃走了，被它排出的液体消化掉。一位植物学家通过科学的办法，把它培育成了比原体大 100 倍、高 2 米的巨型食人花，能吞掉一只狗，或将人的手咬断。这种食人花可作防盗之用。

6．会移动的花

秘鲁的沙漠中生长着一种会走的仙人掌。这种仙人掌有一种软刺的根，可随着风的吹拂，一步一步向前移动。当它遇到有充分的养料和水分而适宜生长的地方时，便会扎根"落户"。

仙人掌

7. 会纵火的花

在南亚大森林里，有一种花名叫"看林人"，花朵里含有极易起火的芳香油脂，当森林中空气干燥灼热时，芳香油脂便会自燃。可见，"看林人"就是"纵火犯"。

8. 会报警的花

印度尼西亚有一种能预知火山爆发的花。每当它盛开之时，便是不祥之兆，当地就会发生火山爆发。因此，当岛上居民见到这种花开放时，就会搬到安全的地方，以躲过灾祸。

9. 会喷雾的花

中国广西桂北山区有一种罕见的花卉植物，当地誉为"魔术花"。它每到春季，长出形似桂花的小花苞，4至5月间，每枝树约有六七百朵花相继开放。最为奇特的是，在开放至花谢阶段会有规律地喷射出一个个白色的、直径约3厘米的环形烟雾，喷到20厘米后即消散。而后花朵由红花变为晶体透明的水晶花。这种奇观每年一般可持续40天之久，直到花朵完全凋谢为止。

10. 会发光的花

古巴有一种花，一到傍晚会发光，像千万只萤火虫。据研究，花发光的原因是花蕊中含有大量的磷。

11. 醉人花

坦桑尼亚山野中生长着一种木菊花，其花瓣味道香甜，人们闻到它的味道就会晕晕乎乎，如果吃下一片花瓣，不用片刻即昏睡在地，数日难醒。

具有特殊本领的花

（1）同你见面握手：非洲喀麦隆有一种茎部长着许多刺激腺的花，只要一碰它，它马上就把花瓣紧缩起来。如果你用手去摸花朵，花瓣就会把你的手"握"住。

（2）令你酣然入睡：非洲坦桑尼亚有一种木菊花，生长在山野里。木菊花的花瓣味道香甜，倘若人和动物吃了这种花，马上就会酣然入睡。连2000多千克重的大犀牛，吃了它也会晕倒在地，呼呼大睡。

（3）使你耳目一新：在非洲扎伊尔惹马湖的水面上有种荷花，它的花盘大如斗，在花茎部有4个气孔，气孔的内壁的花膜，宛如贴在笛孔上的芦衣一样。微风吹来，气流进入气孔，振动了花膜，就发出悠扬的笛声。

（4）供你坐卧休息：在印度尼西亚苏门答腊的森林中，有一种花的直径为1～

玫瑰花

1.5米，花瓣厚度有1.4厘米左右，每朵花重达5至8千克，花里能坐一个大胖子。

花中三佳丽

蔷薇、玫瑰和月季在英文中都称为 ROSE，它们的花朵是那么娇艳多姿，而身上都有小小的尖刺，常常有人把它们弄混，其实，它们背后可有着不同的经历和传说。

蔷薇有一个有趣的别名，叫"买笑花"。

相传汉武帝爱赏花，常在清晨与爱妃携手到御花园赏花。一天他在花园中看到了姿若天仙的蔷薇，不由大加赞赏，说："蔷薇的含笑佳容比宫中的丽人还要美啊。"

身边的爱妃见皇帝只顾赞美蔷薇，而把自己冷落一旁，不由撅起嘴来。

汉武帝察言观色，忙说："蔷薇再美，也比不过你的容颜。"

爱妃这才笑容满面，就问皇帝："这么美的蔷薇花，能用重金来买它一笑吗？"汉武帝点头称是。

因此爱妃叫宫女取来百两黄金，权当买笑的钱。

果然，蔷薇花都纷纷绽放花苞，因此，蔷薇花又有了一个动听的名字"买笑花"。

玫瑰花优雅、高贵，被视为纯真爱情的象征，情人节里它把浓浓的爱意带给恋爱中的人们。

玫瑰花的香味特别好，人们从玫瑰花中提取十分珍贵的玫瑰油。由于常常要用上千千克的玫瑰花才能提取 1 千克的玫瑰油，因而才更加宝贵，又被称为"液体黄金"。1

月季花

千克的玫瑰油价值 4 倍于它的黄金呢。保加利亚盛产玫瑰，每年 6 月，人们都要在一条美丽而又芬芳的"玫瑰谷"里，举行盛大的玫瑰节。

月季在中国的种植十分普遍，这是一种可四季开花的美丽花种，在世界上享有盛誉。

英法战争时期，由于有一批中国月季要运往法国，竟使两国暂时停战，英国还派出军舰护送月季平安抵达法国，这在战争史上也算一个奇迹了吧。

美丽多姿、香气怡人的玫瑰、月季、蔷薇，真是花卉王国中的三位倾城倾国的"佳丽"。

花朵的大与小

在印度尼西亚苏门答腊的热带森林里，有一种寄生植物叫做大花草。它一般寄生在别的植物的根上，样子很特别，没有茎也没有叶，一生只开一朵花。可这一朵花特别大，最大的直径有1.4米，普通的也有1米左右，因此，大花草长的花又叫大王花，可以算得上是世界上最大的花了。

大王花盛开的时候为红褐色，上面有许多斑点，花的中央部分形状像个大脸盆，外面有5片很厚的大花瓣，含有很多浆汁，花的重量可达六七千克。花心中央有个空洞，里面也可以装上好几千克的水。

令人奇怪的是，这种举世无双的花朵，刚开的时候还有一点香气，可过不了几天就臭不可闻，与它那雍容华贵的身体极不相配。如果人们不慎接近它，便会被熏得目眩头晕，甚至昏迷。因此这种像莲花一样的花被当地人又咒为"臭莲花"。但是，也正是强烈的腐肉般的恶臭使某些喜欢臭味的小蝇闻臭而来，为它传粉，繁衍后代。别看大王花的花朵大得出奇，但种子却小得可怜，常常粘到大象的脚上，传播到各地去安家落户。

世界上最小的花要算无根萍，它一般飘浮在池塘和稻田的水面上，像一粒粒绿色细砂，比芝麻还小。它的花就更小了，直径只有针尖那么大，只有用显微镜才能看得清楚，可算是世界上最小的花了。

先开花后长叶的植物

春天，当气温稍暖和时，玉兰就开出了美丽的花朵，花儿开放很久之后，才见到叶子慢慢地长出来。

这种先开花后长叶的植物还有一些。如连翘的枝条呈弓形铺散，花黄色，小钟状；一到春天花先开满枝条，以后才长叶，成为春天的名花之一。迎春花也是先开花后长叶的名种，而且开花时间在早春，比别的植物都早。腊梅也是先开花后长叶的植物，它的花开得更早，寒冬腊月，万花纷谢时，独它傲寒而开。

为什么这些植物先开花后长叶呢？科学家们通过植物生理学、农学、林学、园艺学等方面的研究，认为这与植物对环境条件特别是对气温的要求有关。先开花后长叶的植物，它们的花芽都要求低温即可开花，而叶芽则需要气温高一些才能长出叶片，这一习性可能与它"老家"的环境有关。从系统发育上说，与它们祖先的形成及后代的演化也有很大关系。总之，这个问题比较复杂，还有待于人们进一步去深入研究。

石头开花

荒漠比严寒和高山更为残酷，它迅速而野蛮地消除了一切不能适应生存的弱者。在荒漠中的植物必须解决的最大课题是水的供应。正由于如此，沙漠上的主要植物只有多肉类植物。树形仙人掌可生长达9米多高，繁衍范围直径达27米多。在每年仅有的一两次降雨中，它们能够吸足全年用的水分。这类多水植物无疑成了沙漠中的"绿洲"。

在南非最光裸的沙漠上还有一种奇观：石头开花。在一片渺无生机的乱石中，每年一度，石头开出了美丽的花朵。当然，开花的并不真是石头，而是混杂在石头中的"花石"，它们在平时把自己伪装得和石头一样，以免成了动物的食物。

"吃人"的日轮花

在南美洲亚马逊河流域的原始森林和沼泽地带，除了毒蛇巨蟒和猛禽野兽经常出没之外，还长着一种"吃人"的植物，名叫日轮花。

日轮花长得非常娇艳，叶子长约 0.3 米。它的花生于中央，细小瑰丽，散发出诱人的馨香。与一般植物所不同的是，这种花的叶子反应非常灵敏，而且力量很大。如果有人想摘它的花，无论碰到它的茎、叶或者花瓣，那细长的叶立即像鹰爪一样伸卷过来，把人紧紧抓住。这时，从花朵周围的隐蔽处会爬出一群大蜘蛛，疯狂地对人体进行吮吸和咀嚼。

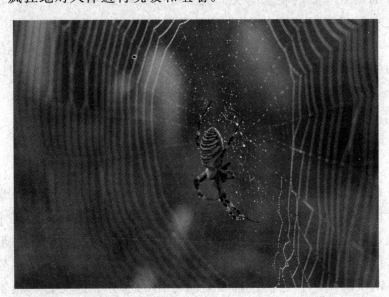

蜘蛛有时会同花朵结缘

日轮花为什么要为蜘蛛猎取食物呢？这里有一个大自然的秘密：那些蜘蛛的粪便是日轮花的特殊养料。因此，凡有日轮花的地方，必定有吃人的大蜘蛛。它们互相"利用"，彼此依存。

花之最

最香的花　普遍认为是素有"香祖"之称的兰花。兰花还有"天下第一香"的美誉。

香气传得最远的花　是十里香，属蔷薇科。

香味保持最久的花　是一种培育的澳大利亚紫罗兰，这种花干枯后香味仍然不变。

最小的花　是热带果树波罗蜜的花。平常人们看到的花是包含千万朵小花的花序。

最长寿的花　一种热带兰花，能开放 80 天才凋谢。

最短命的花　是麦花，只开 5 分钟至 30 分钟就凋谢。

最耐干旱的花　是令箭荷花，又称仙人掌花。

最臭的花　是土蜘蛛草的花，其味如臭烂的肉。它利用臭味引诱苍蝇等传播花粉。

最多色和品种最多的花　是月季花。全世界有上万种，颜色有红、橙、白、紫，还有混色、串色、丝色、复色、镶边，以及罕见的蓝色、咖啡色等。

颜色最多的花　是白色。颜色最少的花是黑色。

最会变颜色的花　是石竹花中一个名贵品种。这种花早上雪白色，中午玫瑰色，晚上是漆紫色。

仙人掌

俗话说，雨露滋润禾苗壮，谁能设想，六年不给植物浇水，它还会顽强地活着？这种植物确实存在，它就是沙漠骄子——仙人掌。

仙人掌是仙人掌科植物的统称。这个科的植物种类繁多，据说有 2000 种以上。它的形态各异，有掌形、球形、山形、柱形……大小也相差悬殊，生长在美国新墨西哥州和墨西哥沙漠的"仙人柱"最高可达 21 米以上，小的却只有弹丸大。仙人掌科植物的花，五彩缤纷。仙人球、量天尺、仙人掌、令箭荷花、昙花、蟹爪兰等，花型大多呈现喇叭形，花型也较大，只是花期短促，最典型的要数昙花，"一现"有时仅二三十分钟。

墨西哥是仙人掌的故乡，墨西哥的国花除大丽菊外，还有仙人掌，那里的沙漠地带有世界上最大的仙人掌。

被誉为"沙漠英雄花"的仙人掌有特殊的贮水本领，特别是墨西哥沙漠中的巨柱仙人掌，长得像一根分杈的大柱子，通常有六七层楼那样高，粗得一个人都抱不拢。它的巨大身躯里，可贮存 1000 千克以上的水。当地过路人常常砍开这种仙人掌，取水解渴。

大仙人掌

仙人掌浑身是宝，印第安人用它的木质化了的躯干作建筑材料。茎可食用或药用，紫红色的果实是别有风味的水果。

百岁兰

我们知道，各种植物叶子的寿命有长有短，常绿植物叶子的寿命较长，如松柏的叶子可以活 3～5 年，紫杉树叶可以活 6～10 年，冷杉树叶可以活 12 年，可你听说过一种伴随植物一生、可以活百年以上叶子的植物吗？它就是百岁兰。

百岁兰的外形非常奇特，茎部粗短，却有一对皮带样的宽宽

耐寒的杉树群落

的叶子，一般有 3 米长，最长的有六七米，除了在幼苗时期还有一对子叶（2～3 年后脱落）外，它终生只有这么一对叶子，春夏秋冬，寒来暑往，伴随植株从生到死。百岁兰寿命较长，如不发生意外，可以活几百年甚至上千年，两片叶子也就成了百岁叶甚至千岁叶了。百岁兰的叶子为什么这样长寿呢？它的秘密在于它的叶子的基部有一条生长带，在不断地滋生着新的叶片组织，以补充由于干旱、风沙等给叶子前端带来的损伤，保证植株始终长着两片又宽又长的叶子。

　　百岁兰生长在非洲南部靠近海岸的沙漠地带，按理说，它应该像一般的沙漠植物那样叶子是针状甚至完全退化以适应干旱的环境，而它却一反常态长出两片又宽又长的叶子，这不禁令人感到奇怪。原来，百岁兰茎部虽然粗短，但根却伸得很长，能吸到藏得很深的地下水；并且，滨海沙漠地区虽然降水很少，但海洋的雾气在这里凝成了重重的露水，洒落在宽大的叶片上，保证了植株不受干旱的威胁，这就不但使百岁兰能够在这里生存下来，并且也能够长着与众不同的叶子。而除了非洲南部滨海沙漠地区，其他地方是找不到百岁兰的，百岁兰也是远古留下的活化石之一。

第四章　奇趣草本植物

草中的白头翁

毛茛科植物绝大多数为草本，其中有一种名叫白头翁的，是草中的白发老头。由于它的花开过后，花中的雌蕊群便起大的变化，每一个雌蕊的花柱伸长，呈白色毛状，无数的雌蕊聚合起来成一圆球形，极像一位白发老人，所以叫做白头翁。

白头翁

关于白头翁，古代还有传说故事，从这个故事来看，足以证明白头翁在民间人们心目中的地位，而且有意思的是，传说与唐代大诗人杜甫有关：诗人杜甫生活贫困，一天早上他喝了一碗不新鲜的饮料或茶水后，竟然肚子痛起来。他家贫无钱治病，也无人来看他，他只能用作诗来抒发心中郁闷："翻手为云复为雨，纷纷轻薄何须数。君不见管鲍贫时交，此道今人弃如土。"在诗人走投无路之际，忽来一白发老头，在知道诗人境况后，十分同情。白发老头马上去摘了一株全身有毛的野草，教杜甫熬汤服，杜甫照此办了，果然肚子不痛了，诗人因而惊叹道："自怜白头无人问，怜人乃为白头翁。"因起这草的名字为"白头翁"。另外一则故事与此类似，只是不是杜甫，而是民间一人得肚痛病，满地打滚，来一白发老头对他用手指出路边一种满头白毛的野草可以治，那人照之做了，肚子不痛了，就叫此草为白头翁。当然传说只是传说，不足以信，但总是能说明白头翁治病的历史是悠久的，民间是熟悉的。这就为今人研究白头翁提供了史实。

白头翁的花很好看，每朵花相当大，紫色。北方早春天气尚寒时，山坡上的枯草丛中有时就能看见白头翁初放的花朵。

白头翁是一种著名的药用植物，其根入药。根中含有白头翁素等成分。经过试验证明白头翁的煎剂对痢疾杆菌、伤寒杆菌等都有抑制作用，还能抑制阿米巴原虫的生长，因此它是一种治细菌性痢疾和阿米巴痢疾的良药，自古闻名。

会捉虫的草——茅膏菜

生活中有一种能吃昆虫的植物——茅膏菜。茅膏菜的叶子很奇特，呈半月形或球形，边缘长有 200 条左右密密麻麻的腺毛，每条腺毛的末端膨大成小球，能分泌出透明的黏液，还会放出奇异的香味来引诱昆虫。如果一只小昆虫落在茅膏菜的叶子上，一会儿工夫，叶缘上所有的腺毛几乎会同时向内弯曲，将小昆虫紧紧缠住，可怜的小昆虫再也挣扎不了，终于成了它的"盘中餐"。

茅膏菜的捕虫方式很有趣，如一片叶子捕到了较大的猎物，邻近的叶子会前来相助，共同将猎物处死。如果一片叶子上落有两只昆虫，它们会施展"分兵术"，同时将两只昆虫抓住。

当茅膏菜捉住昆虫以后，叶片上会立刻分泌出消化液。这种消化液很厉害，能消化肉类、脂肪、血以及小块的骨头，甚至硬

苍蝇有时会成为捕蝇草的美餐

似金属的牙齿珐琅质也能被消化掉。因此，它吃小昆虫是区区小事，不在话下。

捕蝇草也是一种可以捕捉昆虫的植物。它的叶子分为左右两半，可随意开合像蚌壳一般。"蚌壳"边缘并不平滑，排列着又长又硬的刚毛，遇有虫来，"蚌壳"便迅速合拢了，刚毛交错着，"蚌壳"里分泌出消化液来，小虫越是想冲出去，那"蚌壳"叩得越紧。等到捕蝇草心满意足了，将壳张开来，就只剩下飞虫的外壳了。

水下捕虫的能手——狸藻

吃荤的植物大都在陆上设陷阱捉虫，可是有在水下设陷阱捕虫的植物吗？有，这就是狸藻。

狸藻的根很不发达，茎细长，全身柔软，呈绳索状。它的叶子像一团丝，把叶子分开，就可以看到小梗上有许多绿豆大的"小口袋"——囊。这种"小口袋"很像捉鱼虾用的鱼篓子，有一个开口，外面长着一些刚毛，入口处有一个只能向里开的"盖子"，即倒长的茸毛。水中游动着的小虫子如果碰到"袋口"的"盖子"，"盖子"会立刻自动向内打开。小虫顺着水流游进了捕虫囊内，便成了狸藻的猎物。如果猎物较大，不能全部进入捕虫囊，它就只吞食其头部或尾部。有时一个捕虫囊吞食虫子的头部，而另一个捕虫囊吞食那虫子的尾部，分而食之。

为什么狸藻有这种奇妙的本领呢？原来，狸藻有一个叶绿素

132

活瓣，能调节水压，既能吮吸，也能关闭囊口"小门"。它像个小水压开关，利用捕虫囊内外压力的改变，把昆虫吸进囊内。昆虫在囊内被消化吸收后，活瓣门又打开了，把昆虫的外壳抛出袋外，重新布置好机关，等待其他的小动物闯上门来。

神奇的猪笼草

猪笼草是一种特殊形态的草本植物，属于猪笼草科的猪笼草属，全世界共有 70 多种，形状大同小异，主要分布在东半球的热带地区。中国也有一种，分布在广东、广西南部；在广东遂溪、徐闻一带荒野里，有积水的地方就可见到。

为什么叫猪笼草呢？此名源出于《陆川本草》，又名"猪仔笼"。由于它的叶起了变态，一个叶子分成明显的三部分，最明显的是有一个瓶子状的东西，长约 8～12 厘米，粗达 3 厘米。这瓶状物口朝上，口边有一个小叶形的盖子；瓶子基部有一根丝状物，另一端又连于一个扁平的呈椭圆形的叶片。通常的描述是：椭圆形的是叶片，叶片顶端有一卷须，卷须顶端生出一瓶状物，瓶口带一小形叶状盖子。

一只正在空中飞舞的小虫子，发现地面上有一个个口袋，这是一些生有白色、红色、紫色斑点的口袋，色彩艳丽，充满诱惑。口袋上还有个半敞的小盖，蜜露的浓香从口袋里和小盖上散发出来，因此这只小虫便迫不及待地降落到袋口吃蜜了。哎，这里真滑啊，它一不小心像坐滑梯那样滑进了袋底。这里全是汁液，小虫浑身湿漉漉地，向上爬吧，袋子内壁滑溜溜，爬不了几步就遇到了坚硬如针的刚毛，再望望袋口，已经早合上了。就这样，这只小虫就葬身袋中了。

原来，这是猪笼草设下的埋伏，专门诱骗小虫撞上门来，然后捕获住，慢慢消化。那袋中哪是什么蜜水，是能溶解脂肪、糖、蛋白质的酶，而口袋就像个胃，把营养全部吸收掉。

猪笼草那个瓶状物就好像能关猪仔的笼子一样，而且有盖子可以盖好。那个盖子对猪笼草来说极有用，下雨时，盖子可以盖好瓶口，以免雨水进入瓶中，从而维持瓶内消化液的功能。猪笼草因此成为最有代表性且又奇特的食虫植物。

那么猪笼草为什么非要"吃动物"不可呢？由于这些植物的根系不发达，吸收能力差，只有靠捕捉动物的本领，才能从被消化的动物中补充它们所需要的氮素。因此，食虫植物是依靠吃荤腥才长得茂盛、健壮的。

猪笼草还是一种药用植物，它全草含黄酮甙、酚类、氨基酸、糖类、蒽醌甙类等物质。据《陆川本草》记载，它"性寒、味涩"，有"消炎、解毒、行水"的作用，"治水肿、痢疾、疮痈溃疡红肿、虫咬伤、并治跌打。"现代草药书中还记载猪笼草可治高血压，用单一方子水煎服即可。有的书记载猪笼草含胺，可以麻醉昆虫。

可恶的豚草花粉

豚草属菊科，是一年生或多年生草本植物。它们的叶子互生或对生，呈羽状分裂或三裂，由单性花组成穗状花序或总状花序。

豚草原产北美，共有数十种，其中有两种——三裂叶豚草和普通豚草于20世纪30年代随农作物的进口而传入中国，目前已迅速蔓延到东北、华北、华东和华中的十多个省。三裂叶豚草和普通豚草都是一年生草本植物，可长到30～150厘米高，常生长在郊区的房前屋后和田埂路旁。

豚草为何令人可怕呢？这是由于豚草在开花以后会散发出大量花粉。这些花粉飘到空中会污染环境，吸入体内便会引起鼻塞、口痒、打喷嚏、流鼻涕，最后导致咳嗽、气喘和胸闷。更为严重的是，一些豚草的花粉还会引起枯草热。

据有关资料统计，在美国，每年约有 1500 万人因吸进豚草花粉而患上哮喘、鼻炎和皮炎。在墨西哥，过敏性疾病患者中有 23％～31％ 是由花粉特别是豚草花粉引起的。在前苏联的克拉斯诺达尔地区，约有 1/7 的人因吸入豚草花粉而导致花粉过敏。在日本的大阪地区，每当夏季来临，许多人便设法逃避豚草花粉的袭击。

豚草的生命力非常顽强，能与庄稼争夺营养，又极易混生在大麻、洋麻、玉米、大豆和向日葵中，因此很难将其彻底清除。

该如何对付豚草呢？科学家认为，防治豚草的最好办法是不等豚草开花就进行人工拔除。若是用刀割除豚草，便会越割越长，越长越长，一发不可收拾。因此，专家们建议，可采用 10％ 的草甘磷溶剂防治和除去豚草，或干脆让豚草的天敌——叶虫来吃掉它。

甜蜜的"杀手"——龙葵

在一些田边、坡前，或者农村地区的屋后，人们常常可以看到一种开白花、结黑果、卵形叶互生的草本植物，它就是龙葵。

龙葵属茄科，与茄子、辣椒有着较近的亲缘关系。它们是一年生的草本植物，株高可达 50～90 厘米。

有人把龙葵叫做黑甜甜，这是由于龙葵的浆果成熟以后，吃在嘴里有甜味，因此，龙葵的成熟果实可供食用或酿酒。

当然，也有人把龙葵叫做苦葵和黑辣虎，这是由于在龙葵的植株里和未成熟的果子里含有许多毒素，这些毒素包括茄碱、澳洲茄碱和边茄碱。人畜误食以后往往会恶心、呕吐、腹泻、呼吸和脉搏加快，严重的会发生站立不稳和惊厥死亡。

近来，龙葵对大豆的危害变得严重起来。这是由于农民常在大豆田里大量使用杀灭禾本科杂草的除草剂，禾本科杂草被杀除了，龙葵的危害却日益严重起来。龙葵不怕这类除草剂，杂草除掉了，它会生长得更好，它不仅与大豆争阳光、水分和肥料，还会在收割时堵塞收割机。它们的浆果粘在大豆上会严重影响大豆的品质。

要彻底除去龙葵不是一件容易的事情，由于龙葵的繁殖能力极强，在不同的情况下都能开花结果，每个浆果含有20～50粒种子，种子埋在土里30多年后还能发芽，5年后种子的发芽率竟然达90％。从春天到夏天，只要土壤的温度适宜，龙葵就会萌发生长。因此，要彻底去除龙葵，真得费一番功夫。

马的"杀手"——紫茎泽兰

和豚草一样属于菊科植物的毒草，还有紫茎泽兰。它在中国热带地区可长成高大的半灌木，株高达 0.5～2 米，最高的可达 5 米。

紫茎泽兰的外形恰如其名：紫红的茎干，上被灰色的茸毛，叶片对生呈菱形。

紫茎泽兰的繁殖能力和再生能力都十分惊人。紫茎泽兰开花以后，常结出五棱状的瘦果。别小看这种果实，它的身上长满刺状冠毛，沾在人和牲畜身上，便随着主人到处走，落地就生根，开花结果，繁衍后代。

说到紫茎泽兰的再生本领，那真绝。紫茎泽兰的茎上常会生出胡须一样的不定根，当紫茎泽兰被人畜践踏在地时，不定根便悄悄钻进土里，以图起死回生。

要是有人想将紫茎泽兰"斩尽杀绝"，那可正中它们的下怀，由于紫茎泽兰的不定根正好趁着这个机会扎入地下，形成新的植株。"野火烧不尽，春风吹又生"，这正是紫茎泽兰旺盛生命力的写照，无论是火烧，还是割除、刨挖，都不能使紫茎泽兰断子绝孙。

但是，紫茎泽兰也有它们的致命缺点，那就是它们不能生活在光照较弱的地方；还有，在幼苗时期，紫茎泽兰生长得很慢，根部长得较浅，若在这时加紧除苗，会费力少，效果好。

人们为什么如此痛恨紫茎泽兰呢？这是因为，紫茎泽兰对人和动植物会产生极大的危害。人若是吸入紫茎泽兰的花粉，会产生与误吸豚草花粉类似的症状。牲畜若是误食了紫茎泽兰或是不小心吸入紫茎泽兰的花粉，就会引起腹泻、气喘、鼻腔流脓溃疡。在诸多家畜中，马对紫茎泽兰最为敏感，一旦误食紫茎泽兰，死亡率也最高，因此有人将紫茎泽兰称作马的"杀手"。

紫茎泽兰对别的植物影响也很大，由于它们的适应能力极强，既能耐干旱，也能耐贫瘠和低温，能够适应山地酸性土、棕色森林土、紫色土、砂石地，甚至能够在墙缝中生长，因而它们已经渗透到每一个角落。在中国云南省，紫茎泽兰几乎占领了一半以上的土地。目前，它们正以每年平均 100 千米的速度向四川、广东、广西等地传播。这种情况已引起了有关方面的重视。

带毒的植物"杀手"

在中国的江南一带，人们常常会看到一种浑身毛乎乎的草本植物，它的叶子大大的，全身长满了白色的茸毛。

这种看上去平平常常的植物，你如果一不小心碰到它，就会被它螫得鼻青脸肿，狼狈不堪。它就是有"恶魔之叶"之称的蝎子草。蝎子草属荨麻科，浑身长满螫刺。这种螫刺像皮下注射器一样，扎进动物的皮肤内，不容易脱落，与此同时，螫刺的基部马上释放出甲酸一类的毒素，使患处马上红肿起来。

与蝎子草相比，荨麻科的荨麻更不含糊，荨麻在南方可以长成乔木，在北方则是一年生的草本，它的全身布满螫刺，螫刺基部隆起的地方竟然饱贮氢氰酸。人畜一旦被螫，氢氰酸注入人体内，全身就似火烧，二三天内疼痛无比，有的人甚至被活活螫死。

为什么蝎子草和荨麻等植物能分泌毒素呢？原来，不同的植物，代谢产物也不同，蝎子草和荨麻在新陈代谢过程中，体内会积累多种物质。这些物质除了无毒的之外，还有很多诸如植物碱、糖苷、皂素毒蛋白、氢氰酸等是有毒的。一旦这些毒素通过某种途径分泌出来，人畜碰到就会倒大霉。

"行为卑劣"的菟丝子

春天到了，菟丝子的种子发芽了，它的茎下端扎入土中，看上去十分纤弱。它的细细的茎在地上缓缓地爬行，渐渐靠近了一株植物。这时的菟丝子才"凶相毕露"，它迅速地长出吸器，刺入植物茎内，贪婪地汲取不费力得来的"营养叶"。

缠绕住一株植物后，菟丝子并不满足，它继续晃动"水蛇腰"般的茎，将"魔爪"伸向一株又一株植物。这时它的根早已消失，叶子也退化成半透明的鳞片，是的，有了"靠山"，还要这些做什么呢？不过菟丝子的茎倒是变得粗糙起来，仔细观察，可以看到上面有许多细小的尖齿，这就是它为了掠夺而生出的吸器。

菟丝子贪婪地向周围的植物进攻，有时一棵菟丝子居然可以缠住 150 株黄麻。

被菟丝子"纠缠"的植物，过着委屈忍让，又疲惫不堪的生活，可是菟丝子却并不可怜它，还传染给植物一些病毒，当它们寄生的植物渐渐衰亡的时候，菟丝子便离开它，另寻寄主了。

菟丝子的这种"卑劣行为"，使它成了遭人唾骂的"吸血鬼"。

置人于死地的毒芹

全世界约有 20 种毒芹属植物，它们分布在北温带地区。中国只有毒芹一个种和宽叶毒芹一个变种，全部生长在北方。

生长在中国东北、华北和西北地区沼泽地带、水边或沟渠边的毒芹，是一种极为可怕的植物。

毒芹又叫走马芹、野芹菜花、芹叶钩吻，外表很像我们平时吃的蔬菜——水芹，但外形比水芹粗壮。毒芹的茎干粗大、直立、中空，高达 70～100 厘米；叶互生，呈三角状披针形。

在植物分类学上，毒芹属伞形科毒芹属，开白花，许多花形成复伞形花序；结的果呈卵形，绿色有粗棱。

毒芹的全身都有毒，其中以叶子和未成熟的果实中含毒量最高。毒芹含有芹毒素和生物碱，后者包括多种毒芹碱。毒芹碱和芹毒素都会对人和动物造成毒害，误食后轻则头晕、恶心、呕吐、手脚发麻，重则全身瘫痪、昏迷、呼吸困难，直至死亡。

毒芹的外形虽与水芹相似，但一旦掌握了它的特点，鉴别也并不困难：毒芹长有褐色的根状茎，根状茎位于地下，有节且散发香气；根状茎切断后流出的液体像树脂，呈黄色，遇空气会发暗，这些都是毒芹的特征。

蚊子的"杀手"

太平洋岛国日本某地一个小村庄，村子的周围全是茂密的树林，村子中央有一泓闪着波光的池水。村子不仅风景优美，而且是有名的"无蚊村"。盛夏季节，哪怕附近地区群蚊飞舞，村子里却找不到一只蚊子的踪迹，村民们晚上睡觉都不用蚊帐。

经生物学家观察，发现村里池塘的中下层长满了藻类。这是什么藻类呢？它们会对蚊子的生活产生什么样的影响呢？原来，这种藻类既不像蓝藻，也不像绿藻。它们的身上已有了类似根、茎、叶的分化。茎上还有节，节上轮生着叶状小枝，体外则布满大量钙质，看上去十分粗糙。它是有名的轮藻，一种淡水藻类，个体较大，形态特殊，结构比较复杂。全世界共有 400 种左右的轮藻，它们广泛分布于世界各地的淡水或半咸水中，常见于湖沼、池塘、水田等水流动的水域中。

普通的藻类是蚊子的幼虫——孑孓的上佳食物，但轮藻就不同了，它们对于孑孓有致命的毒害作用。

轮藻为什么能消灭蚊子呢？20世纪初，就有人对此作过实验，最终发现，这是由于轮藻的光合作用特别强烈，在生长过程中能产生一些化学物质，这些物质会改变水中的环境，因而导致蚊子的幼虫——孑孓的死亡。在轮藻长得特别茂盛的地方，蚊子往往断子绝孙。

香草和醉草

1. 天然调料——五香草

五香草生长于湖南绥宁县黄桑自然保护区。它不负其名，香气四溢，如调味用的五香，当地人就地取材，把五香草用于调味。平常炒菜之时，放一片大约5寸长的五香草，炒出的菜就更加鲜美可口。

五香草喜湿，生于山边小溪旁，苗不过2尺高，貌不惊人，可是它却确实给人们的饮食带来了更大的享受。

2. 醉草

在埃塞俄比亚的支利维纳山上，生长着一种神奇的醉草。它高约一尺，在多刺的茎上，长着十多片绿叶，叶面上布满了细细的小孔，从中分泌出一种芳香扑鼻的醉人物质——烈香脑油。人若长时间闻这种香味会被熏醉。不过，它对人体倒没有什么害处。

第五章　中草药植物

蓖麻和巴豆

　　蓖麻的种子可以榨油，是一种有名的油料作物。但蓖麻油却不能轻易食用，由于蓖麻的种子有毒，它不仅含蓖麻毒蛋白，还含蓖麻碱，这些都是极毒的成分。一旦误食了 7 毫克蓖麻毒蛋白，胃部就会感到剧烈疼痛，最后会因呼吸麻痹而死亡。植物学家还发现，蓖麻的枝和叶也非常毒，含有剧毒的氢氰酸。蓖麻属大戟科植物，同属大戟科的有毒植物还有巴豆。

　　巴豆四季常绿，植株可长到 3～4 米，主要生长在长江以南、福建、云南、广东、广西一带。

蓖麻

巴豆全身都长有白色的短毛，叶呈卵圆形，花为黄色，果为黄褐色。它的全身皆有毒，但种子毒性最大。巴豆的种子内含巴豆素，吃了会引起强烈的呕吐、腹泻、血压下降，直至休克。

马齿苋

马齿苋是菜园子里、田埂上、野地里常见的一种一年生野草，全国均有生长。它的植物体肉质，无毛，茎呈紫色。叶片呈倒卵形，叶片顶端截形时就呈楔状矩圆形，长只有 17.5 厘米，宽不过 1.5 厘米。花 3～5 朵生枝端，较细小。花瓣黄色，果实熟时盖状裂开，种子多。此种草一大特点是拔出来放在地上晒太阳，晒 1～2 天还死不了，因又名"晒不死"。

马齿苋为什么不怕晒？也许由于历史悠久，民间对一种植物的突出功用，总是会有种种神奇的传说故事，虽不足信，却给人印象深刻。传说还是尧在位时，那时 10 个太阳在天空，晒得大地如蒸笼般热，人畜死亡，树木枯焦。为了挽救生命，有个叫后羿的人，尧命他用箭射掉了 9 个太阳，但又怕它们未死，尧又命二郎神去追杀，一共杀死 8 个，还有 1 个躲在一种草下面，此草开黄花，叶肉质而小。这种草由于它下面曾有过太阳，因而它不怕热和晒，晒几天也不死，因此名叫晒不死。这种草就是马齿苋。

农村一些地区，人们喜欢采点马齿苋的嫩枝叶作蔬菜吃。在《救荒本草》和《野菜谱》书中，记述了马齿苋是作为餐饭度荒年的。现代研究表明，马齿苋营养丰富，含蛋白质、脂肪、糖、钙、磷、铁、胡萝卜和维生素 C 等许多营养物质。

马齿苋从古即已知为一种药用植物，而且药效颇神奇。马齿苋之名源于《本草经集注》。《中国药用植物图鉴》名之为长寿菜。它全草入药，有清热解毒、散血消肿的作用，能治热痢脓血，痈肿恶疮。

雪莲花

雪莲，又称"雪莲花"，是属菊科的多年生草本植物。它的品种不同，高的可达 50 厘米，矮的仅高 10～15 厘米左右。茎直立，短粗，下部有宿存的褐色残叶，新生叶倒卵形，边缘有锯齿，多贴地长，上面长满白毛。花大而艳丽，头状花序密生茎顶，花冠紫蓝色，外面有数层白色半透明的膜质苞片，酷似莲花，香气袭人。还有的雪莲的叶子呈线形或狭倒卵形。

雪莲产在中国新疆天山和西藏甘孜地区，在被称作生命禁区的海拔四五千米的雪山岩缝中，雪莲傲然怒放，它以顽强的生命力被视为英雄的象征。雪莲全身密被白色绒毛，远远看去就像一只只白色的玉兔，因而又叫"雪兔子"。

雪莲的花有白、淡黄、紫红多种颜色，盛开时果真像一朵大莲花，尽管它的生长期并不很长，可只是地表部分枯萎，到来年夏季，就又能萌芽开花，让人为之赞叹不绝了。

雪莲分布在雪线附近，它抵挡着凛冽寒风的袭击，在皑皑白雪中傲然屹立，成为高山严酷环境中争娇吐妍的斗士。它那扎根千仞冰峰的性格，为人们赞颂。当花朵盛开时，有小碗那么大，特别是雪后初晴，花朵上的水珠晶莹，尤为惹人喜爱。雪莲有较大的药用价值，有除湿热、止汗和活血的功能，治疗风湿很有疗效。

葫芦

葫芦属于葫芦科，是一年生草质藤本植物，茎生软黏毛，有卷须，叶片心状卵形或肾圆形，长与宽均可达 35 厘米，不分裂，边缘有小齿尖，两面有毛。花白色，单生，有细长花梗，雄花花托漏斗状，花冠裂片有皱；雌花的子房在中部缢缩，外面密生软黏毛。瓠果大，中间缢细，下部和上部膨大，长达几十厘米，成熟后变木质，种子多，白色，此种广泛分布于世界热带和温带地区，中国各地多有栽培。

常言说搞不清的事，就说"不知葫芦里卖的什么药？"此话其实源于一个传说。据说在汉代，有一个名字叫费长房的人，一次看见一个老人卖药，当药卖完了以后，这老人就隐藏入一只葫芦中不见了。费长房对此很是好奇，认为此老人必定是个仙人。他就结识老人，跟他学习医药"技术"。后来费长房也成了一个著名的医生，而葫芦一名往往就与医药联系起来了。

葫芦的果实

葫芦作为药用历史悠久。葫芦原名苦瓠，始载于《神农本草经》，该书对此种云："苦瓠，味苦寒，主大水面目四肢浮肿，下水，令人吐。""葫芦"之名载于北宋的《太平圣惠方》，那时治龋齿痛用葫芦。而《本草纲目》则入菜部，记载"葫芦……嫩时可食。"《日华子本草》中名为"壶卢"。其果实入药，有利水、通淋之功。治水肿、腹胀、黄疸、淋病。其种子入药，据《御药院方》记载，可治齿龈或肿或露，齿摇动痛。此种种子据《中药大辞典》记载，其原植物为瓠瓜，即葫芦的一个变种，其果实扁球形。葫芦还有一变种名"瓠子"，其果实粗细均匀呈圆柱形。

《诗经》中的甘瓠，即指此变种。证明为古代人的蔬菜之一。《诗·小雅·南有嘉鱼》中有："甘瓠累之"。就是说有甜味的瓠子。说明此瓜可当菜吃。《诗·鱼藻之什瓠叶》中有："幡幡瓠叶，采之亨之。"这说明甘瓠的叶子也可以当菜吃。现代研究指出，甘瓠含多种糖。其干燥果皮入药，利水、消肿。用于四肢浮肿、小便不通。果入药，清热、止渴。种子治咽喉肿痛。还有一个变种叫小葫芦，其果实天生的小形，长不超过 10 厘米，作为观赏用。

葫芦除作药用、食用外，其成熟的葫芦形的果壳，因木质化变硬，可作为工艺品的原料，匠人在上面雕刻出山水、人物等图案，非常有趣。此种工艺品中国唐代即已有之。据说日本至今还保存一件中国唐代的瓠器，其上绘有著名人物如孔子等的人像，实为一珍贵古董。

肉豆蔻

肉豆蔻是一种常绿乔木，叶长椭圆形，侧脉16～18对。叶背多为粉绿色，雌雄异株，花序腋生，雄蕊花丝合成一柱，雌蕊柱头无柄。果实椭圆形，肉质。种子大，单生，有红色条裂状和假种皮。种子球形，香气浓郁，味辣而微甜，常用于肉类制品和卤汤、酱汤的调味，能祛除鱼肉的腥膻异味，并且对胃肠道有局部的刺激作用，增加胃肠蠕动，促进胃液分泌，增进食欲。豆蔻的提取物能破坏癌细胞外围防护因子，使癌组织容易被损害，从而增强机体对肿瘤的免疫功能。中医还认为，肉豆蔻有温中下气、消食固肠、解酒的作用。

荠菜

荠菜属十字花科荠菜属，这是一种分布遍全国的野草，一或二年生，叶羽状裂，花小，白色，果实扁平，倒三角形。其嫩茎叶可以当蔬食，在长江下游一些地区作为人工栽培的蔬菜食用。

荠菜也是自古闻名的野草。它春天开花早，在田边、菜地边、荒草地皆有。草地上有荠菜花时使人触景生情，宋代词人辛弃疾就有名句："城中桃李愁风雨，春在溪头荠菜花"，反映了作者羡慕田野春光的心怀。"三月三，荠菜煮鸡蛋"，在湖南农村有这样的习俗，在荠菜花开时拔全草和全鸡蛋加水煮熟来吃，有益健康。《诗经》里有："其甘如荠。"可见古时已采之作菜食。在《救荒野谱》中称为荠菜儿，不仅嫩茎叶可食，其种子用水调成块，煮粥

生长中的芹菜

或作饼甚黏滑可口。现今，北京的一些菜市场上，有人采野生荠菜新鲜叶作菜卖，价还不低呢！

荠菜自古也入药，荠菜之名源于《千金·食治》，《名医别录》称为"荠"。它以全草入药，有和脾、利水、止血、明目的作用，治痢疾、水肿、吐血、便血、目赤疼痛等。现代医药家研究，荠菜中含荠菜酸，有止血作用。

具有解毒功效的中草药

1. 清热解毒的大青叶

大青叶是一味常用中草药。大青叶性寒、味苦，具有清热解毒、凉血止血、散瘀消斑等功用，适用于流行性感冒、病毒性肝

炎、咽喉肿痛、急性胃肠炎、急性肺炎、菌痢、丹毒、矽肺、蜂螫毒、金疮箭毒等病症。

据现代医学研究发现，大青叶具有明显的抗菌、抗病毒的作用，并能增强吞噬细胞的吞噬能力，因此可用于治疗流行性乙型脑炎、病毒性肝炎。

2. 凉血消肿的四季青

四季青是一味常用中草药。四季青性寒、味苦，具有清热解毒、凉血消肿、收敛生肌的功用，适用于肺炎、菌痢、尿路感染，急、慢性支气管炎、闭塞性脉管炎，烫伤，溃疡不愈合，外伤出血等病症。

据现代医学研究发现，四季青具有广泛的抗菌作用，尤其对金黄色葡萄球菌的作用更强。四季青煎剂能显著降低冠状动脉阻力，增加血流量，因而可改善心脏功能。用四季青提取汁制成的四季青药水，能使烫伤创面较快地形成牢固的痂膜，明显减少创面的渗水和水肿，并可促进肿胀的消退，使创面不出现化脓或坏死，因而其对治疗烫伤有明显的疗效。

3. 解毒利尿的鱼腥草

鱼腥草，俗称蕺菜，农家常以其茎叶泡水当茶来饮防暑热，也是一味常用中草药。鱼腥草性微寒、味辛，具有清热解毒、利尿消肿等功用，适用于感冒、支气管炎、病毒性肺炎、慢性鼻窦炎、肺脓疡、热痢、疟疾、水肿、淋病、白带、痔疮、脱肛、湿疹、秃疮、疥癣、疮痈肿毒、砒中毒等病症。生嚼鱼腥草根能防止冠心病的心绞痛发作。

据现代医学研究发现，鱼腥草对卡他球菌、肺炎球菌、金黄色葡萄球菌有明显抑制作用，因此它有抗菌作用。此外，鱼腥草对治疗肝脏出血有良好的止血疗效，并还有利尿等作用。

鱼腥草不能多食，多食令人气喘，也不能久食，久食使人虚弱，损阳气、耗精髓。古人说，婴幼儿食之，3岁不能行。鱼腥草性微寒，因而虚寒症及阳性外疡者忌服。

4. 清热散结的连翘

连翘是一味常用中草药。连翘性寒、味苦，具有清热解毒、消炎散结、通利五淋的功用，适用于温热、丹毒、斑疹、风热感冒、痈疡肿毒、小便淋闭、瘰疬等病症。

据现代医学研究发现，连翘有明显的保护肝脏作用，并能使血清谷丙转氨酶明显降低，能减轻肝细胞的变性、坏死，促进肝细胞内肝糖原、核糖、核酸恢复正常。

5. 凉血消肿的穿心莲

穿心莲是一味常用的中草药。穿心莲性寒、味苦，具有清热解毒、凉血、消炎、消肿等功用，适用于感冒发热、口舌生疮、咽喉肿痛、咳嗽、痢疾、脓肿疮疡、小便不利、毒蛇咬伤等病症。

据现代医学研究发现，穿心莲能增强免疫系统功能，提高机体抗炎症能力，有明显的抗蛇毒作用及具有抗癌、保护肝脏的功用。

穿心莲性寒、凡脾胃虚弱、气虚体弱者不宜服用。

枸杞

枸杞属于茄科枸杞属，有多种，但用作入药的有两种，一为枸杞，一为宁夏枸杞，都是以果实入药。药名习称"枸杞子"。枸杞为蔓性灌木。幼枝有棱，外皮灰色，有棘刺。叶互生或数个丛生，卵状菱形至卵状披针形，全缘。花单生或数花簇生，花冠漏斗状，紫色，果实红色，卵形或长圆形。分布几遍全国。宁夏枸杞则为灌木或小乔木状。主枝粗壮，刺状枝短而细，叶互生或丛生，叶片狭倒披针形或卵状长圆形，较枸杞的叶略大，花数朵簇生，较枸杞的花略长，花冠粉红色或淡紫红色。有暗紫色脉纹。果卵圆形或宽卵形，红色或橘红色。主要分布于甘肃、宁夏、新疆、内蒙古、青海等地。

枸杞子

枸杞果可吃，嫩茎、叶和根也可吃，吃了延年益寿。

枸杞果入药，有滋肾、润肺、补肝、明目的药效。早在陶弘景时代就说其"补益精气，强盛阴道。"《本草纲目》中也说它"滋肾、润肺、明目。"总之枸杞子是一种补药。据现代化学分析，枸杞果实含糖 20％～25％，蛋白质 13％～21％，脂肪 8％～11％。每 100 克枸杞中含维生素 A 3 毫克，维生素 B_1 10.23 毫克，维生素 B_2 0.33 毫克，维生素 C 3 毫克，此外，还含钙、磷、铁等，确为营养价值高的补品。据说枸杞子还有抗癌的功效，因枸杞子中含有丰富的锗，锗有从癌细胞中夺取氢离子的巨大能量，从而使癌细胞失去氢离子而受到抑制而死亡。

特别有意思的是，现代医学家研究枸杞有延缓人衰老的作用，而这一点在古人的实践中已经感觉到了。有个传说故事，十分神奇，虽不足信，然而毕竟是能说明人们认识到了这一点。传说一人在路上看见一位年轻姑娘追打一个八九十岁的老人，就问她出了什么事，那姑娘说是打她的曾孙子，由于曾孙子不吃家中食物，以致过早衰老了，人问这姑娘自己多大岁数了，她说已经300 多岁了，听者大吃一惊，问她吃了什么长生不老药，她说吃的是枸杞子。

虫草

中药中有一种极奇特的虫草，又名冬虫夏草。到底是虫，还是草？抑或二者均不是？原来虫草是象形而起的名字。它生长在海拔 3500～5000 米之间的气候高寒、土壤湿润、有机质多的高山草甸顶部，以及分水岭两侧的草地及地势较平缓的山坡上。它在冬天是一条虫，潜伏在土中，夏天则由虫部头顶伸出一枝像草样的东西，因此得名。实际它是一种昆虫和真菌的结合体，生长周期为 1 年。当夏季时，有一种名叫虫草蝙蝠蛾（属于蝙蝠蛾科）的昆虫，产卵于高原的牧草花叶上面，经过一段时期，卵孵化出幼虫，钻进土层，依靠高原上生长的珠芽蓼等植物的根茎提供食物，待幼虫长大，形似一条条小蚕，呈黄色。而这时在上一代的虫草的真菌（叫"冬虫夏草菌"，属于麦角菌科）已经繁殖出了成熟的子囊孢子，孢子散落地上，借助水湿入土，当触及虫体时，就寄生在虫体内，靠虫体供给养料为生，进行繁殖。等到次年春天，真菌进入了有性繁殖时期，就从虫体的头部长出一根紫红色似的小草（不是一般绿色的小草）的东西来，实际是真菌的子座，约有 2～3 厘米长，外表看来，好像下部是虫体，上部是小草，就成为虫和草合一的虫草了。实际上它与有花植物的草本植物不相关。在青海省的玉树高原，盛产虫草，好的地区每亩平均有虫草 100 多根，虫草的质量也高。

虫草这种奇特的生长周期，在古代人中也早已知之。《聊斋志异外传》中描写得十分有趣："冬虫夏草名符实，变化生成一气通，一物竟能兼动植，世间物理性难穷。"

虫草是一种珍贵的中药，足与人参比美齐名。虫草之名源出《本草问答》，"冬虫夏草"之名源出《本草从新》，该书认为虫草"保肺益肾，止血化痰，已劳嗽。"中医总结出虫草的重要功能是补虚损、益精气、止咳化痰，可治阳痿遗精，腰膝酸痛等多种病。现代医家研究证明，虫草有多种生物活性，可预防心脑血管病和降血脂，对癌症有预防作用，是值得进一步研究的药物。

虫草也是一种食物，它含有人体必需的 8 种氨基酸，还含蛋白质、碳水化合物、脂肪等。用虫草炖鸡吃对病后体虚者是上好的补品。

益母草

益母草是一种很多见的田野荒地的杂草，在北京郊野的一些水沟边年年看到它生长，开花结子，可长到 1 米多高。茎是四棱形的，叶子对生，在叶腋中有小形的花密集，花红紫色，花冠唇形，每花可结 4 个小果实。此种植物属于唇形科。它的分布几遍全国。可是它的名字多得很，是植物界同物异名的典型。例如在东北它叫坤草，另外各地还有叫益母蒿、益母艾、红花艾、三角胡麻、千层塔、茺蔚等等。只有"益母草"这个名字最为普遍。

为什么叫"益母草"呢？古代民间有个有趣的传说故事。很久以前，有位妇女只有个十二三岁的儿子。妇女生儿子时留下疾病长久不愈，就是淤血腹痛症。这个儿子助她操持家事，上山打柴，挑水做饭什么都干，很孝顺母亲。一天来了一个"郎中"（今天叫大夫、医生）说可以治他母亲的病，但要许多钱，这孩子一听拿不出钱来，就叫郎中采一棵能治母亲病的草来看看。郎中出发了，小孩不告诉郎中，悄悄地跟在后面去看，他看见郎中采的山中草是平时他熟悉的野草。那草叶呈掌状，有淡紫红色小花。他等郎中走后，自己采了这种草给母亲熬水喝，一连多次，母亲的病竟奇迹般地好了。以后谁家的妇女有和他母亲同样的病，他都主动用这草去帮助治疗，无不见效。人们认为这草对生孩子的母亲大有好处，就称之为益母草。过去，在北京郊县的一些地方，益母草就很多，据说从前天坛的益母草也很多，而且十分出名。这里也有个传说：从前北京天坛修建以前是一块荒地，只有一户人家在此，家中仅母女二人。母亲有妇女病，姑娘为了治母亲的病上山找药，遇见一白发老头，经他指点，姑娘上山采到了两种药草，并且收到好多种子。她回到家后，把草药加水煮成膏状，给母亲吃了，几次服药后，母亲的病好了。姑娘高兴，就把那种子种在房前屋后，春天种子发芽，长成一片片的药草。一年年下去几乎遍地都是了，遇上有妇女病的人，姑娘就助人为乐，用这草给治，都治好了，因此大家叫此草为益母草。后来那里建了天坛，天坛的益母草就更闻名了。

射干

射干是一味常用的中草药。射干性寒、味苦，具有清热解毒、消痰利咽等功用，适用于咽喉肿痛、急性扁桃体炎、支气管炎、痰涎壅盛、热毒痰火郁结、咳嗽气喘、哮喘、肺炎、咽喉癌等病症。

据现代医学研究证明，射干具有抗炎、改善毛细血管通透性等显著的解热作用。射干还有抗菌、抗病毒作用，曾有一些报告表明，射干在体外对多种细菌、致病性真菌等均有不同程度的抑制作用，还能抑制流感病毒、埃可病毒和腺病毒及肺炎双球菌等。

秦皮

秦皮是一味常用中草药。秦皮性寒、味苦涩，具有清热燥湿、收涩、明目等功用，适用于目赤肿痛、目生翳膜、迎风流泪、热侵性气管炎、肠炎、细菌性痢疾、风寒湿痹、小儿热惊、大便干燥、女性白带、牛皮癣等病症。

据现代医学研究证明，秦皮所含的秦皮甙能促进风湿病患者的尿酸排泄。秦皮还有抗炎、抗菌、抗病毒、镇痛、抗过敏、镇咳、祛痰及平喘的作用。

秦皮性寒，凡脾胃虚寒、胃虚少食者忌服。

车前草

车前草是路边习见的一种极普通的野草。车前，属于车前科植物，人们知道它不怕踩，不怕干旱。医药中它是一味药，全草有利水的作用，治小便不通、尿血。它又有清热作用，治热痢、目赤肿痛。其种子也入药，叫"车前子"，性质同全草，有利水、清热、明目、祛痰之功能。

车前草入药的传说颇有趣。相传西汉时代，有个名将叫马武，他在一次征伐羌人的战斗中，打了败仗，被敌人围困于一个荒无人烟的绝地。当时是盛暑之时，天又热雨又多，士兵的食粮吃光了，喝水也难。士兵死的不少，马也亡命很多，病的更是不计其数，最普通的病是肚子胀痛，尿血不止，而且排尿困难。这实际是一种尿血症，必须有清热利尿的药才能治疗好，可眼下四处无人烟，上哪儿去找药呢？也是命不该绝，一天，有个马夫发现他管理的马中有3匹马不尿血了，而且精神好了许多。马夫好生奇怪，他细察马的行踪，发现马天天吃一种路边像牛耳朵或牛舌形的草，心想莫非是此草有治病功能？因此他冒险也采一些这种草来吃，果然不久他精神也好多了，自己居然也不尿血了，轻松了好多。他将此情况告知马武，马武高兴极了，立即命令全军人马都吃这种草，不到三天，人和马的病都渐渐好了。马武就问这马夫，这草是什么，在什么地方有的？马夫听了一笑，且同时用手一指说："将军，那大车的前面不是很多这种草吗？"马武见后大笑，真是天无绝人之路，那是好个"车前草"啊！从此车前草能治尿血、清热毒病症的奇闻就传下来了。

现代药学家研究发现，车前草含桃叶珊瑚甙、车前甙、维生

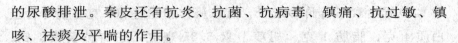

第五章 中草药植物

素 B₁、维生素 C 等许多成分，有祛痰作用。每 100 克车前叶含蛋白质 4 克、脂肪 1 克、胡萝卜素 5.85 毫克，还有核黄素、钙、磷、铁等多种营养物质。看来车前草还值得进一步研究，这真是一种宝草。

黄精

古时候有个美丽的传说。有一个财主人家，雇了好多佣人。这财主为人刻薄，经常虐待佣人。有个丫环因不堪受苦，只身逃入山林，财主派人去找，也找不回来。有一天，财主家里忽然有人看见那丫环仍在山中活得很自如，派人去追，但见她行走如燕，能上树快如猿猴。那人回来报告，财主觉得奇怪，就派人监视，当摸清了那丫环活动的道路后，预备了一些好吃的东西摆在道上，然后派人暗中把守。果然那丫环来了，见有好食物就去抓食，被监视的人抓住了。问她那么久怎么活下来的，怎么行走这么快的？到底吃了什么东西？那丫环告知他在林下见到一种草，地下有粗的白色的根（实为根茎），就把那白色的根拿到溪里洗净了吃，吃了后意想不到身轻如燕，肚子也不饿了。财主的家人叫她带路再去采此草，原来此草就是黄精。

黄精属百合科黄精属，是一种多年生草本，地下有白色根茎。地上茎直立，叶轮生，叶尖弯卷钩状，可借以攀缘。花小，白色，果圆球形，初绿色，熟后黑色。黄精的地下茎自古为中药，即称黄精。这个名称出自《雷公炮炙论》。黄精的药性是补中益气，润心肺，强筋骨；治虚损害热，肺痨咳血，病后体虚，筋骨软弱。

黄精分布在东北、华北，南达河南、江苏，陕西也有，习生于山地阔叶林下、山沟灌木丛中或草坡上。其同属尚有几种也可同样入药，如多花黄精，叶互生，椭圆形，叶腋出生的花序下垂，有多朵（3～5 朵）小花。果熟时暗紫色。其根茎肥大肉质。

此种分布在华东、华中，南至广东和广西，也生于山地林下。另外还有热河黄精，叶互生，花序总梗长达 6 厘米，有花 4～10 朵，果熟时黑色。根茎白色似黄精的根茎。此外，还有滇黄精，叶 4～6 片轮生，线形。根茎粗，花 1～3 朵腋生。果熟时橙红色。生阴湿林下，分布在云南。卷叶黄精的根茎肥大，不规则结节块状，形似生姜。叶 3～8 轮生，叶片狭细，先端卷曲。花小，白或带紫色。果熟时黑色。分布在西北及湖北和四川，多生于高山林下。

西洋参

西洋参与人参同属五加科，人参属，可以说是两兄弟，不过西洋参与人参有所不同。

西洋参名出《本草纲目拾遗》。《本草从新》称为西洋人参，又名花旗参。顾名思义，西洋参不是中国原产，而是外国来的，来自加拿大和美国，现在中国已安家落户。西洋参植株样子似人参，但西洋参的总花梗短些，小叶倒卵形，较短，先端尖锐，小叶边缘有粗锯齿等，而与人参可区别。

西洋参的根入药，在药效上与人参差别较大，总的说西洋参性寒，有养阴补气、降压、解热的作用，适用于阴虚火盛，因此中医常用于补肺阴、清肺火，治久咳肺萎等症。根据化学分析，西洋参所含的人参二醇皂甙的 Rb_1 高于人参的含量，而西洋参二醇型的 RB_1 低于人参。中国使用西洋参入药大约在 18 世纪初期，《本草纲目拾遗》是最早记载西洋参的药书。该书刊于 1765 年，距今已 200 多年了。中国现已广泛栽培。

西洋参的发现是有趣的。1701 年，法国耶稣会士杜德美来中国，奉康熙皇帝之命参加全国大地测量。1709 年他到长白山一带，接触到了人参，亲自服用了人参，对其药效有了经验。1711 年，他就把对人参的所见描绘了一幅人参图，寄去法国耶稣会与

人参

英国皇家学会，引起了欧洲人极大的兴趣。杜德美推断人参或许在加拿大的魁北克一带也有，由于那里的纬度为北纬 39°～40°，和中国的长白山一带地理环境条件差不多。1715 年，法国耶稣会士拉菲陶去加拿大魁北克一带寻找人参，因他读过杜德美发表在《耶稣会士通信集》上的关于人参的长信，引起了他对人参的兴趣。在当地土著印第安人的帮助下，他终于发现了人参，看样子和中国长白山的人参差不多，这实际就是今天的西洋参。1718 年他宣布了这一发现。西方人知道中国奉人参为神药，价格昂贵，因此就把西洋参作为商品输进中国，当时最大的西洋参集散地是广州。此后西洋参在欧洲也受到了重视。

柴胡

中药里有一种药，就是著名的柴胡，今天，连中学生都知道柴胡注射液可以治感冒发烧。这种药为什么叫"柴胡"？传说是从前有一个地主家雇了个年轻的佣人做工，此人名字叫柴胡。不知什么原因，一次柴胡生起病来，发高烧后又怕冷，冷后又发热，以致无法工作，地主就把他打发走了。他走到一处荒地路边，实在不行就躺在草丛中休息，迷迷糊糊感到肚子饿了，随手拔草丛中的一种草，叶子似竹叶子的样子，拔出来后，一看那根颜色红褐色，有香味，就不自觉地咬嚼起来，居然很香，虽有微苦，却苦中有甜。他就连连地吃，肚子也不感到饿了，就这样躺了两天，吃了不少这种草的根，居然不发烧了，全身轻松了许多。这时他想到了老百姓中还有许多人犯他这种病无法治的，就采了这种草带回去分给乡亲们服用，果然人人见效。人们为纪念他的功劳，就以他的名字"柴胡"叫这种药名。

柴胡属伞形科，多年生草本。茎直立，有分支，叶似竹叶而略窄，有平行叶脉。花小而多，黄色，成伞形花序，果小。分布广泛，北方及华中地区为多，生山地草坡中。柴胡是以其根入药的，有解表和里，升阳、疏肝解郁的作用。现代中医用其治感冒、上呼吸道感染、疟疾、寒热往来、肝炎等许多疾病。《药性诗歌》中有记载说："柴胡味苦性微寒，解表清肌妙不凡"。至于柴胡能治疟疾的原因，则是由于它有阻止疟原虫发育而使之消亡的作用。

甘草

甘草属豆科甘草属，本属有 30 种，中国有 6 种，其中有一种即甘草是最为著名的药用植物，其他尚有 2～3 种也入药。

甘草为多年生草本，地下根和根茎粗壮，外皮红棕色，茎直立，有腺体。羽状复叶，小叶 7～17 个，卵形，长 2～5 厘米，两面生有短毛和腺体。总状花序腋生，花多而密，花萼外有毛状腺体，花蓝紫色。果实线形，弯曲，外密生毛状腺体。种子肾形，此种分布广。自中国东北达华北和西北，国外有蒙古、前苏联、阿富汗。喜欢生在干旱草原以及河边沙质松软的地方。在北京八达岭外也能找到。它的根和根茎入药，中医常用它作止咳、解毒药，它又有调和诸药的作用。

为什么叫甘草？因它的根和根茎有甜味，在采集到新鲜的甘草时，你如果将其根剥皮入口嚼之，立刻能感到甜味。甘草初见于《神农本草经》。《中国药用植物志》称其为甜草。甘草能解毒，这是在数百种传统中药中闻名的。传说从前有一个开药店的老掌柜，忽然得了病，面色苍白，四肢无力，饮食不佳，他的几个儿子都是行医的，开了好多药方就是治不好。忽然一天，有个年轻人也是学医的，见这掌柜病得不轻，就为他开方，仅仅三付药，吃下之后，不到两天，病情大大好转，三天后竟然完全好了。掌柜的十分感谢，问他开的什么药，这年轻人说，仅是甘草一味。掌柜的问他甘草怎么这么灵呢？年轻人说，我看你经营中药大半辈子了，经常尝药闻药味，久之必然中了毒，由于其他中药品种多少有点毒性，你中了毒，用甘草就可解毒，果然如此。因而甘草为败毒之药就出了名。甘草不仅解药毒，也解食物中毒。唐朝时，有名医甄权在《药性本草》中记述：甘草能"治七十二种乳石毒，解一千二百般草木毒。"到宋朝，甘草已广被用于解食物中毒。《图经本草》记述，当时湖广地带人们外出时，必随身携带甘草数寸，以备不适之需。凡就餐，必先试服少量饮食，再取甘草嚼汁，若经此而不吐者，则证明食物无毒，可放胆食之。甘草这么神奇，在人们心目中身价也就高了，因此当时有人把甘草称之为"三百两银药"、"三百头牛药"。现代医药家研究后证实甘草含有甘草甜素等许多成分，对苯、砷、河豚毒、蛇毒、破伤风毒素、水合氯醛以及乌头、附子、白喉毒素等都有解毒作用。甘草还是保肝的良药。至于甘草有祛痰止咳的功效，则几乎是人人皆知。中医对甘草是视为一味宝药的。有人统计过，有一家医院的药房一天接受 1230 张处方中，含有甘草的处方竟达 961 张，占 78％。甘草这种药还有许多其他功能，是值得进一步深入研究的药。据说日本医学家在实验中发现，甘草对艾滋病病毒的抑制作用强，抑制率高达 98％，且有增强免疫的功能。

当前对甘草的利用，有一个值得重视的问题是中国野生甘草资源主要在西北地区，但多年来管理不善，过分的采挖使甘草资源受到较严重的损失。因此，人们应当合理开发，既利用又培育，才能保证其药源不致枯竭。此外，还应大力发展人工种植培养。

灵芝

灵芝是一种神奇的药物。虫草中的真菌算为低等植物，传统认为灵芝也是一种低等植物，属于多孔菌科灵芝属。现在的分类也有把真菌单独成立一个门的。灵芝的外表像蘑菇，实际由菌丝体和子实体组成。菌丝无色透明，有分支，菌丝体再经发育形成子实体。子实体又分化成菌柄、菌盖和子实层三部分。菌盖就是像伞盖一样的东西，呈肾形或半圆形，表面有环状棱纹和辐射状皱纹，边缘较薄，菌盖下方有侧生的菌柄，呈柱状，菌盖背面是子实层，外面看上去有无数的小孔（多孔结构）。灵芝体成熟后变木质化，其上表面草质化并有像油漆了一样的光泽，而整个子实体很坚硬，能经久不烂，其产生的孢子是卵形、褐色的。

自然界生长的灵芝，多在山地、栎树类的阔叶林底下，多生于枯树根上或朽木木桩旁边。灵芝主要分布从河北、山东直至长江以南许多省和西南地区。

灵芝自古即已闻名，至少有 2000 年历史，而且往往有神奇色彩，被称为"仙草"。传说服了它可以长生不老，当年秦始皇就是追求千年老灵芝。《白蛇传》中，白娘子冒了生命危险去仙山盗取"仙草"以救许仙，也就是深信灵芝有起死回生之功。当然灵芝没有那么神，是人们夸大了而已，但灵芝作为一种药，至今仍受中医重视。《本草纲目》里记述了灵芝的一些品种，如紫芝、赤芝、黄芝、青芝、白芝、黑芝等等。灵芝赤者如珊瑚，青者如翠羽，白者如凝脂，黑者如泽漆，黄者如紫金。由于需用量大，今天已人工栽培，以紫芝、赤芝为多。灵芝性温，味甘，益精气、坚筋骨、利关节、强意志、安神。现代研究表明，灵芝对慢性支气管炎、哮喘、肝炎、高血压、冠心病、神经衰弱等都有疗效。这些病又多是老年常见病，所以老年人服一点灵芝是有防病延年的功效的。

半枝莲

半枝莲又叫大花马齿苋、死不了，属于马齿苋科马齿苋属，同属另一种叫马齿苋。这是一种一年生草本，全体肉质，它的茎匍生或斜生，叶肉质，圆柱形，散生。叶上有束生状的长毛。花两性，单生或几朵簇生，直径达 3.5 厘米，花瓣有红、粉红、紫、黄、白等各色，十分美丽。雄蕊很多，果实成熟时在近中部盖状周裂开，种子很多。这种植物原产地是南美的巴西，不知何时传入中国的。常作为观赏植物种于花坛，也有作为盆景的。

半枝莲开花特点是午开子落，所以又名子午花，这在《花镜》中已有记载："午间开花，子时自落，故称'子午花'"。半枝莲的花色多种已如上文所述，它的雄蕊多金黄色，足与牡丹花相比，故又名"松叶牡丹"。

半枝莲也入药，有抗癌解毒、消肿止痛、活血祛淤等功能。另外，它还能治疗咽喉肿痛，外用治乳腺炎、跌打损伤等。

海带

海带是一种"海生蔬菜"。海带性寒、味咸，入肺、胃、肾经，具有清热解毒、软坚散结、利水化痰等功用，适用于水肿、癌症、尿道炎、膀胱炎、高血压、血热鼻血、痰热咳嗽、乙型脑炎、颈淋巴结肿、单纯性甲腺肿等病症。

据现代医学研究发现，海带中含有大量不溶于水的褐藻胶类物质，这种物质使海带不容易煮烂。同时，这种物质能与镉元素结合而排出体外，因此，海带可用于治疗重金属元素镉中毒引起的疼痛。海带还可以减少一种对人体有毒有害的物质——放射性元素锶在肠道的吸收。

海带中还含有丰富的甘露醇。甘露醇是一种作用很强的渗透性利尿剂，能促进机体的排尿功能，可使体内毒素及时排出。甘露醇进入人体后，可有效地降低颅内压、眼内压，减轻脑水肿、脑肿胀，因而对乙型脑炎、急性青光眼及各种原因引起的脑水肿等病症有良好的效果。

用海带煮水服用，还可治疗急性肾功能衰竭，防止或延缓机体酸中毒的发生。海带还含有大量的粗纤维，可促进胃肠蠕动，加速胆固醇的代谢和排泄，有降低胆固醇的作用。长期服用海带可预防动脉血管硬化，降低血脂，通便，并使身体强壮有力。在滑腻的食物中掺入一些海带食用，可以减少脂肪在体内的蓄积，可使身体不发胖，保持体形健美，因而常食海带有一定的减肥作用。近期又发现，海带提取物对肺癌细胞有明显的抗癌作用。

海带中含砷量较高，因此海带要在水中浸泡 24 小时左右才可食用，以免砷中毒。海带性寒，不宜多食，尤其脾胃虚寒者应慎食。

三七

三七是一种能治疗出血症的良药，它的名字背后有一个有趣的传说。

从前，有两人结拜为兄弟。一天，弟弟得了一种奇怪的"出血"病，七窍流血不止，生命垂危。哥哥知道了，给弟弟送来一种草药，让他连服几日，就大病痊愈了。弟弟在感激之余，追问哥哥所用药为何物，无奈，哥哥带他去自己家，把一种开着淡黄小花的草药指给他，并送他一棵小苗让他栽植。

有一天，当地一位富户的儿子也突然得了出血病，吃遍百药也不见效，富户见独生儿子将死，便以重金索取名药。弟弟听说了，一心想要发财，便跑到富户家宣称自己能治好富人儿子的病。他把小苗挖出，让病人服用，谁知毫不见效，病人很快就流血而死了。

富人大怒，便到官府状告弟弟，弟弟被逼无法，只得搬出自己的结拜哥哥。经过哥哥一番解释才得以明白：原来这种草药有一个特点，只有长到三至七年才会生效，而弟弟栽种的小苗才生长了不过一年，当然不能治病了。

根据这种特点，这种草药被取名为"三七"。

三七

当归

当归是一种十分有效的补血益气药，能够治愈妇女产后可能引起的恶血上冲。《医学药典》中说，当归能调气养血，使气血各有所归，因而取名叫"当归"了。

《本草纲目》中说："当归调血，为女人要药，有思夫之意：故有当归之名"。意思是说有些妇女由于气血不和等病症，不能生子，服用当归之后，就得以调和气血，能够生育。这时，就盼望丈夫归来，生下可爱的小宝宝。由此可见，当归在这里是思念丈夫应当归来，因而取了这个名字。

金鸡纳制药的秘密

　　原产于美洲大陆的金鸡纳树，它的药用价值早被当地的印第安人所利用，不过金鸡纳制药的秘方他们从不外传。

　　后来，西班牙的一位伯爵夫人在秘鲁染上了疟疾，病情十分严重。伯爵向印第安人求药，没有结果。不过他发现印第安人口中嚼着一种树皮，暗中打听知道原来那就是能治疗疟疾的金鸡纳树皮。伯爵试着采回金鸡纳树皮，煎成汤药让妻子服下去，结果真的治好了妻子的病。从此后，金鸡纳的大名便传开了。欧洲人想方设法要把金鸡纳树弄到手。荷兰聘了一名德国人，派他到秘鲁以帮助当地人建立金鸡纳林场为名，收购了许多种子，盗得 500 棵树苗，想用船越洋运到荷兰。但是除了 3 棵幼苗在爪哇岛上生长繁荣之外，其他树苗全部死掉了。金鸡纳在爪哇岛上繁荣起来，到现在，该岛的树皮产量居然超过了原产地，占到世界总产量的 90%，不能不说是一个奇迹。

　　其实金鸡纳的树皮不只有治疗疟疾的成分，还可镇痛、解热甚至于局部麻醉，人们从金鸡纳树皮中提炼的金鸡纳霜也就成了多用途的药品。

神农架的瑰宝

　　在中国湖北省西部房县、兴山、巴东三县交界处，有一座面积达 3250 平方千米的自然保护区——神农架自然保护区。

　　神农架地区平均海拔达 1000 多米，那儿峰峦叠嶂，树茂林深，迄今仍保持原始状态。

　　神农架地区地形复杂，气候多变，生长着 1300 多种的中草药。有趣的是，它们大多有着非常好听的名字，如"文王一支笔","头顶一颗珠","江边一碗水","七叶一枝花"。

1."头顶一颗珠"

在神农架一些人迹罕到之处，生活着一种名叫"头顶一颗珠"的药用植物。

"头顶一颗珠"其实是延龄草的俗称。这是一种多年生的百合科草本植物，生活在海拔2000米以上的林下草丛中。它茎高15～50厘米，顶端轮生着三片菱状卵圆形的叶子。

延龄草在夏天开花。那时，它的叶子中间生出一根直立的短柄，柄的顶端再长出一朵白色的小花，花瓣有6片，分为两轮。外轮3片，绿色；内轮3片，白色。

秋天，延龄草的叶顶结出一枚紫黑色的浆果。那浆果如豌豆般大小，被称为"天珠"，药用价值极高，但因保存不易而常被药农自己留食。延龄草的根状茎被称作"地珠"，"地珠"粗短，表面生有许多须根，具有活血、镇痛、止血、消肿、祛湿除风的功能，它可治高血压、神经衰弱和跌打损伤。因此，市场上需要量很大。"地珠"为什么能如此灵验呢？据分析，这是由于它含有一种叫做甾体皂苷配基的缘故。

2."七叶一枝花"和"打破碗花花"

"七叶一枝花"与"头顶一颗珠"一样，也是一种中草药，同样可以在湖北神农架林区找到。

"七叶一枝花"又叫重楼或独脚莲，属百合科。它是多年生草本植物，株高30～100厘米，生活在山坡林下。

独脚莲也可供药用，药用部分也是根状茎。它的根状茎又粗又壮，呈棕褐色，性微寒、味苦、有小毒，功能清热解毒，消肿散结，主治痈肿疗毒，跌打损伤，蛇虫叮咬。

独脚莲的茎直立，叶片7～11枚（多半是7枚）一组轮生在茎顶，呈椭圆形至广披针形。仲夏季节，"七叶一枝花"从叶间抽出花茎，花茎的顶端再开出一朵花来，这大概就是"七叶一枝花"的名称的由来吧。

独脚莲的花朵为黄绿色，内外排成两轮，外轮为叶状，内轮呈丝状。结的是蒴果，成熟后裂开成3～6瓣。

"打破碗花花"的学名叫铁线海棠。这是一种全身长毛的多年生草本植物。

"打破碗花花"的名称源于西南民谚。当地农民常告诫孩子不要随便碰这种花，碰了以后会打破碗盏。其实，碰了它打破碗倒不至于，但弄得浑身发痒倒是真的。铁线海棠全身含有具有强烈刺激性的白头翁素，人的皮肤碰到了它，就会倒霉了。也正由于如此，四川、陕西、湖北、湖南、广西、贵州和云南一带的农民，常将铁线海棠割来当作杀虫药或医治真菌寄生引起的顽癣。铁线海棠的根状茎还可以用来医治热病、瘰疬等病。

在植物分类学上，铁线海棠属毛茛科，其叶形变化十分明显，茎基部生有长长叶柄的三小叶复叶，茎的上部长的却是单叶。这种现象在植物中也是比较少见的。

3."文王一支笔"

在神农架林区，受到药农们青睐的还有"文王一支笔"。"文王一支笔"也是当地特产的一种药材，它是蛇菰的俗称。这是一种十分特殊的寄生植物，"行动"非常诡秘。蛇菰生在海拔1000～2000米的山坡竹林或阔叶树林里。春天，蛇菰从地底下钻出身子，这时它看起来根本不像被子植物，而更像蘑菇：茎儿孱弱，色泽苍白，毫无"血色"。蛇菰的茎最多才长到0.9厘米粗，长不过七八厘米，自茎的2/3处至地面，交叉对生鳞片状白色的叶。很显然，蛇菰的叶不能进行光合作用，因而不能制造养料。那么，蛇菰靠什么为生呢？

原来，蛇菰是一种寄生植物，它们常常寄生在杜鹃、锥栗等阔叶植物的根上，靠消耗寄主体内的营养为生。

春去夏来，小蛇菰一天天长大，不知不觉，到了开花的时候。这时人们可以注意到，一种蛇菰开出了雄花序，花序的下面长有苞片，苞片与苞片彼此合成六角形，顶端是椭圆形的长满雄花的雄花序，这种植株叫雄株。另一种蛇菰则开出了雌花序，这种植株叫雌株。与雄株相比，雌株的外形更像一支大笔：前端略尖，长为宽的 3～4 倍。这可能就是"文王一支笔"的名称的来历吧。

蛇菰开花时，一丛丛密生在一起的雌株和雄株争妍斗奇，淡红色的、粉红色的植株配上周围的翠绿色，形成了一幅幅独特的水彩画。

据有关书籍记载，蛇菰的药效十分灵验，它主治胃病、鼻衄、痢疾、心跳过速和心悸。

4．贡品金钗

在神农架地区，"金钗"的名气是很响的。据说，这种药材曾经作为贡品。它生长在悬崖峭壁上，极难采摘。常有鼯鼠陪伴着它，鼯鼠喜闻"金钗"花的香味，"金钗"花因有鼯鼠粪便（又称五灵脂，也可入药）滋养而开得茂盛。传说，药农们要采"金钗"，鼯鼠便偷偷咬断绳索，使药农死于非命。药农们就只好在绳索外套上竹筒以保安全。

传说固然不可全信，但"金钗"的名贵却是不容置疑的。植物学家告诉我们，"金钗"实质上是兰科植物，它的名字叫金钗石斛，是一种多年生草本植物。

金钗石斛是附生植物，它们依附在松树等高大植物身上生长，依靠潮湿的空气、雨水冲下的有机质以及树枝、树皮的裂缝中积聚的营养物质过活。当然，如果有了鼯鼠的粪便作肥料，它将长得更好。

金钗石斛的茎直立、丛生，高约 50 厘米，呈黄绿色，上有明显的纵向槽纹，且分成一节一节的，每节长至 3 厘米左右。

金钗石斛的叶从茎间生出，呈长圆状披针形，很厚，没有叶柄，靠叶鞘包住茎；乳白色的花朵很大，很香，直径最大可达 8 厘米，上部带有淡红色，很是惹人注目。

5．江边一碗水

神农架地区的气候就像孩儿脸，说变就变。刚才还是好端端的，霎时就风雨大作，电闪雷鸣。

雨过天晴，去竹林边看看，有时会发现阴湿处长着一种奇怪

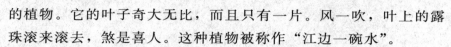

的植物。它的叶子奇大无比，而且只有一片。风一吹，叶上的露珠滚来滚去，煞是喜人。这种植物被称作"江边一碗水"。

江边一碗水的学名叫南方山荷叶，属小檗科，山荷叶属。它是一种多年生草本植物，地下长有横向生长的宿存的根状茎。

开春时分，根状茎上长出一根直立的茎，这茎长到30厘米高时便长出一张大叶子来。说也奇怪，从这以后，茎上再也不长叶子了。这张仅有的叶子会越长越大，直径可长到30厘米，它近似圆形，边缘有细齿，就像一面绿色的盾牌。

南方山荷叶的花儿很美，呈紫红色，每年五六月份，它们在叶柄的顶部绽放，由于花梗较长，花儿便像下垂的铃铛。这种花的花冠由6片花瓣组成，它们常常5～8朵簇生在一起，三四个月以后，便结出了卵形的浆果。

中医学认为，南方山荷叶全株都可供药用，其中，尤以根状茎的作用最为灵验。它可散风祛疾，解毒消肿，治疗跌打损伤，止血止痛。

科学家还发现，南方山荷叶体内富含山荷叶素，这些有机物竟对多种癌症有着意想不到的疗效。

与南方山荷叶一样，共属小檗科的中草药还有三枝九叶草。三枝九叶草状如其名：多年生的宿根上，每年春天抽出的新枝，不多不少恰恰是三枝，每根枝条上长出的叶片不多不少恰恰是九片。

三枝九叶草长出的小叶被称为三出复叶，因为每根枝条上只长一个15厘米长的叶柄，每个叶柄上长出三片小叶。这种叶子形似箭镞，每片长约9厘米。

入夏，三枝九叶草的枝头纷纷抽出花蕾。这种花常成圆锥花序或总状花序排列，花呈黄色，由4片花瓣构成，果实卵圆形。

三枝九叶草生于神农架竹林下和路边石缝中，全草都可供药用，功能补气强身，祛风湿。

第六章　植物文化

享受绿色的健康生活

为了健康，人们都注重保护动植物，维持生态平衡，实现绿色的生活。

让我们看看绿色植物的功能吧：

一亩树林一天可蒸发水分 120 吨；

一亩林地比无林地多蓄水 20 吨；

一亩防风林可保护 100 多亩农田免受风灾；

一平方千米绿地可减少噪音 16 分贝；

一公顷绿地树木，一天可以消耗掉 1000 千克二氧化碳，制造出 730 千克氧气，可供上千人呼吸之用。

一亩林地还可以每年吸附各种灰尘 22～60 吨，每月吸收有毒气体 4 千克；

一棵树便是一个小型的蓄水库；

一棵树便是一个微型的空气净化器；

一棵树便是一个看不见的空调。

生活在城市里的人们常受到噪声和各种有害气体的侵扰，在森林中则不同了，这里充满宁静，到处是和谐的绿色和怡人的风光。森林里的空气也新鲜异常，有些树木还分泌出能杀菌的树液，像松树等。由此可见，经常进行"森林浴"的确能起到强身健体的功效。

草坪的作用

　　碧绿如茵的草坪，不仅为城市环境增添了几分秀美，使人感到清爽舒适、赏心悦目，而且在保护环境、增进我们身体健康方面还有不少好处呢。

　　首先，它可以净化空气。草坪能吸收二氧化碳、二氧化硫等有害气体，防止和减轻这些有害气体对人体的危害。

　　其次，草坪像是"吸尘器"，能吸附空气中飞扬的尘土。据测定，草坪上空空气中灰尘的浓度只有无草地的 1/5。下过一场雨或浇过一次水后，叶片上的灰尘被冲洗得干干净净，便又能进行吸尘了。

　　第三，草坪可以调节气温。草坪植物在生长过程中能蒸腾出大量水分，可以使草坪冬暖夏凉。夏季，当太阳直射时，柏油路面的温度为 30℃～40℃，甚至更高，而草坪的地面温度却只有 22℃～24℃。冬天，草坪地面的温度又比柏油路面高约 4℃～6℃。

具有净化空气作用的草地

此外，草坪还能降低噪音。草坪与乔木、灌木搭配，可以起到良好的消声和隔声作用。草坪还有灭菌和消除眼睛疲劳的作用。

我们不但要多种草坪，还要爱护草坪，让草坪给生活带来更多的愉快和享受。

无土栽培

早在 1929 年，美国人用无土栽培法就种出了 1.5 米高的西红柿，一次收获西红柿 14 千克。一种崭新的栽培方式——无土栽培出现了。

近几年来，日本大力推行水耕栽培蔬菜的方法。水耕法是在玻璃温室或塑料大棚里，设装有培养液的水箱——培养床。培养液上面浮着一块块有孔的塑料板。育苗时，将种子撒在含有营养水的泡沫塑料上。种子萌发后，将种子和泡沫塑料一起拔起，移植到培养床的塑料板的小孔里。水栽蔬菜的过程中要不断向培养床中输送氧气和养分。现在水栽蔬菜最多的是鸭儿芹、西红柿、黄瓜、香瓜、大葱、莴苣和小芹等。水栽蔬菜的优点是不需土壤，不用机械和农药，没有任何污染，同时可以循环耕作，一年四季均可生产新鲜蔬菜。

玫瑰战争

英国人和美国人习惯把色彩艳丽、芳香浓郁的玫瑰看作"友谊之花"和"爱情之花"，往往把玫瑰花作为高尚馈赠的礼物，情人们更以互赠玫瑰表达爱情。两国人民还把玫瑰花比作花中皇后。

在中世纪，英国还发生过一场"玫瑰战争"。由于交战的双方都以玫瑰作为他们家族的标记：一个以红玫瑰为记，另一个以白玫瑰为记。后来两个家族和好了，合为一个家族而主持王位，便以红玫瑰作为王室的标记。从那以后，红玫瑰一直成为英格兰王室的标记，而英国的国花，也正是从王室所用的图案标记而来的。

美国在广泛进行民意测验的基础上，于 1986 年 9 月 23 日由国会众议院通过了把玫瑰定为美国的国花。在美国有些州，早已把玫瑰定为州花了。

玫瑰是蔷薇科的落叶灌木，羽状复叶，叶的背面密生绒毛，小枝上还密生皮刺，因而又称刺玫瑰。玫瑰花朵单生于枝顶，有红、紫、白等色，都有迷人

玫瑰花

的清香。它适于栽植在花坛和庭院中，宜作瓶插，布置于客厅中。

把玫瑰定为国花的国家，欧洲还有卢森堡、保加利亚和捷克斯洛伐克，中亚还有伊朗、伊拉克和叙利亚。伊朗的玫瑰、石油、地毯并称为"伊朗三宝"。

玫瑰还有很高的经济价值。它可用来提取香精和玫瑰油。玫瑰油的价格，曾经高过黄金价格的五六倍。玫瑰油和香精主要用于化妆品工业、日用化学品工业、食品工业及医药卫生等方面。玫瑰还有很强的阻滞灰尘的能力，对二氧化硫、氟化氢等有毒气体也有较强的吸收能力，是净化环境的"清洁工"。

花市的象征

花木千姿百态，它们艳丽的色彩，使人赏心悦目，浓郁的芳香，沁人心脾。其色彩、香姿、风韵，不仅给人以美的享受，而且在人们的心目中还有特定的象征意义。

银杏——古老文明	芝兰——正气清运
紫荆——兄弟和睦	椿萱——父母健康
萱草——忘忧	杜鹃——怀乡
竹子——正直忠心	红枫——革命热诚
铁树——庄严	荷花——纯洁无邪
牡丹——荣华富贵	橄榄——和平
合欢——消愤	红豆——相思
含羞草——知耻	菊花——高洁
黄月季——胜利	梅花——坚贞不屈

傲雪的梅花

茶花——战斗英雄	松柏——坚强伟大
百合——团结友好	石榴——子孙繁昌
攀枝花——勇猛	杨柳枝——恋恋不舍

并蒂莲——夫妻恩爱　　　万年青——友谊长寿

寿星草——延年益寿　　　吉祥草——鸿运祥瑞

刺玫瑰——优美　　　　　紫罗兰——诚实

野丁香——谦逊　　　　　秋海棠——失意

天桃——淑女　　　　　　蔷薇——求爱

豆蔻——别离　　　　　　柠檬——挚爱

白桑——智慧　　　　　　白菊——真实

白桦——独立

具有象征意义的植物

1. 英雄树——木棉

木棉是先开花后长叶的植物。每年三四月间，一朵朵碗口大的花朵簇生枝头。每朵花有五个肉质的大花瓣，中央围着许多花蕊，花瓣外面乳白色，里面橙红色或鲜红色。由于不见叶子，远远望去满树花红似火，艳丽如霞；树干挺拔，高达30多米，如巨人披锦，雄伟壮观，因此被广东人称为"英雄树"，并被选为广州市市花。

木棉是落叶大乔木，属木棉科。幼树的树干及枝条有扁圆锥形的皮刺，老树树干粗大、光滑，侧枝轮生，向四周平展，形成宽阔的树冠。叶互生，掌状复叶，由5～7片长椭圆形的小叶组成。结白色长椭圆形蒴果，内壁有绢状纤维，成熟之后果实会爆裂，里面的黑色种子便随棉絮飞散。由于木棉树树干高大，如果不在蒴果开裂前攀上树枝采摘，棉絮就会随果实的爆裂而散失，因而云南人称它为"攀枝花"。

木棉分布在中国云南、贵州、广西、广东及金沙江流域，生长在森林或低山地带。无论是播种、分蘖还是扦插，都容易成活，而且生长迅速。

木棉的经济价值较高。纤维无拈曲，虽不能纺细纱，但柔软

173

纤细，弹性好，耐压，适宜做坐垫和枕芯。毛绒质轻，不易湿水，因而浮力较大。据试验，每千克木棉可在水中浮起 15 千克左右的人体，因此是救生圈的优良材料。木棉的木质松软，可制作包装箱板、火柴梗、木舟、桶盆等，还是造纸的原料。

2. 松寿兰——吉祥草

吉祥草也叫瑞草、松寿兰，是百合科多年生常绿草本植物，原产中国、日本。中国民间传说，吉祥草开花喜事到，向来把它作为吉祥如意的象征。

吉祥草高约 30 厘米，地下根茎匍匐，节处生根。叶簇生于根茎端或节上，广线形或带状披针形，先端渐尖，长约 15～30 厘米。穗状花序着生于花茎上部，秋末开花，淡紫红色，花朵纤巧可爱，有芬芳的清香。结球形浆果，成熟时呈紫红色。它的根系发达，萌蘖力强，多用分株繁殖法。

吉祥草是常见的家庭盆栽观赏植物，它性喜温湿环境，不择土壤。还可用水养法栽培，像种水仙花一样，在浅盆中加雨花石固定根茎。

吉祥草株丛低矮，耐阴性强，长势健旺，是很好的林下地被植物。杭州西湖十景之一的"三潭印月"风景区，园林工人在林下成片丛植吉祥草，绿叶红果，为西湖增色不少。

吉祥草可以入药，有治疗咳嗽咯血、慢性气管炎、肺结核的功效。

3. 相思豆——红豆

"红豆生南国，春来发几枝？愿君多采撷，此物最相思。"唐代诗人王维借物抒情，吟咏红豆，留下了这首脍炙人口的五绝。红豆树向来被人称为"相思树"。

全球有红豆属植物约 100 种，中国有 26 种，多分布于两广、云南、贵州等地，以广西西部和海南地区最为繁茂。按照南方的习惯称呼，"红豆"是指相思子、相思树、海红豆三个树种。诗人笔下的红豆，是木本红豆属植物。

相思子也称红豆，属豆科，木质藤本植物。它的叶似槐，花

植
物
大
观

似皂荚，荚似扁豆。红豆的大小如小豆，半截红色，半截黑色，古代妇女用它做项链、手镯、脚镯佩戴。青年男女相爱，以红豆为信物互赠，表示忠贞不渝。

相思树又名台湾相思树，是常绿乔木，高达 15 米，胸径 40～60 厘米。木材坚韧致密，富弹性，花纹美观，有亮光，是造船、制橹、做车用材。树皮含单宁，还可提取栲胶。

海红豆又名孔雀豆，因在春暖时节，羽状复叶成双成对地恰似孔雀开屏，因而得名。夏日，黄、白色的小花开满枝头。入秋，荚果成熟，弯曲如牛角，鲜红色的种子弹射出去，洒落大地。它又名相思红豆树、西施格树。

红豆艳丽动人，但含有毒汁，特别是相思子，含相思子毒蛋白，毒性大，家畜口服 15 克以上就中毒，已被录入《南方主要有毒植物》中。

4. 少女树——垂柳

垂柳体态轻盈，婀娜多姿，柳枝低垂，迎风摇曳，如绿衣少女婆娑起舞，给人们带来了春天的信息，给人以美的享受。因此，人们称它为"少女树"。

垂柳属杨柳科，是落叶乔木。高 10～20 米；小枝细软下垂，淡黄绿色或淡红色。单叶互生，狭长披针形，如人眉。雌雄异株，葇荑花序生成串，像毛虫。花色鲜黄，雄花花药淡红黄色，有蜜腺，是虫媒花。花期 2～3 月，4 月果熟，蒴果散出细小而带有白色丝状绒毛的种子，乘风飘扬，这就是"漫天作飞雪"的柳絮。

垂柳喜光，适应性较强，繁殖容易，生长迅速。用无性繁殖法，在地上插上一段柳枝就能生根发芽。俗话说："无心插柳柳成阴"，生动地说明了柳树的特性。

柳树木质轻软，色泽红褐，纹理顺直，是家具、农具、胶合板、铅笔、造纸等的优良用材。柳条可编制各种日常生活用具和编织精美工艺品。枝叶、根皮都可入药，有明目、除痰、防风散热、消肿止痛之功。

柳树不仅是绿化先锋树，而且坚韧耐湿，不怕风吹浪打，是理想的防潮护堤的树种。

5．福寿树——桃树

中国西北高原是桃的故乡，至少有三千多年栽培历史。民间向来把桃作为福寿的象征。每逢老辈寿庆，晚辈常常奉送寿桃；辞旧迎新的春节，家家门前要挂桃符，祈求平安。神话中的孙悟空，偷吃了王母娘娘的仙桃，还闯过大祸。

桃属蔷薇科，落叶小乔木。花单生，多粉红色，也有深红、绯红、纯白和红白相间等变种。除观赏桃（如碧桃）外，一般桃树能自花传粉结核果，结实率高达 80～90%。

全世界的桃树有 3000 多个品种，中国有 800 多种。不同地区的品种成熟期也不一样，从每年 4 月份起，中国月月有鲜桃。

果实最大的要数山东"肥城佛桃"和"深州水蜜桃"，大的有 500 多克重。神话传说中的"仙桃"——金桃，现通称黄肉桃，在西南、西北栽培很广，适于加工制成罐头食品。被誉为"东海神木"的蟠桃，主要分布于江浙一带。桃果佳品中的浙江奉化"玉露桃"，味甜香浓，品质极佳。

供观赏的桃花以碧桃为最优品种。在碧桃中又以红碧桃（绛桃）、花碧桃最为艳丽。还有矮生盆栽的"寿星桃"，带传奇故事的"美人桃"等，都是观赏名种。

6．爱情草——勿忘我

原产欧洲的勿忘草，其貌不扬，但名闻欧亚，俗称"勿忘我"或"毋忘我"。

相传，很久以前有一对热恋中的情侣依海而坐，沉醉在海誓山盟的甜言蜜语之中。忽然，一个巨浪袭来，正中男青年。他慌忙将手中的一棵野草掷向女友，狂叫一声"不要忘记我！"就被波涛淹没了。从此，这种无名小草就取名"勿忘我"，作为对爱情忠贞的信物。

勿忘我属紫草科，是多年生直立草本植物，高 16～30 厘米；具匍匐根状茎。叶互生，倒披针形或长椭圆形披针形。有短伏毛，几乎无柄。初夏开花，排列成细长稀疏的总状花序；花冠喉部黄色，结小型坚果，卵圆形。分布于中国东北、河北、甘肃、新疆、云南各省。

勿忘我是优良的春季花坛材料，与黄色、白色的春花配置，效果尤佳；也可作为春季球根花坛陪衬材料，栽植在庭园、花径、公园树坛边缘。

7. 长寿草——万年青

万年青是中国传统的以观叶赏果为主的花卉，历来被人们看做吉祥长寿的象征，常常在保健食品或长寿药物的包装上，用作引人注目的商标。

万年青原产于中国、日本，又名冬不凋草、铁扁担、斩蛇剑等，属百合科多年生草本植物。肉质根茎粗短，株高约50～60厘米。叶丛生于根茎上，阔带形，革质肥厚，全缘波状。花轴自叶丛中抽出，高10～20厘米，穗状花序顶生，于春夏之交开花，初为淡绿白色，后因品种不同而变成黄色或橘红色。结成球形浆果，红果绿叶相映成趣。因它常青不凋，所以称它为万年青、冬不凋草。

万年青主要的栽培品种有叶缘黄色的金边万年青、叶缘白色的银边万年青、叶面有白斑的花叶万年青等，常被人们作为居室、客厅、会场讲台的装饰陈列佳品。

万年青在中药里叫"白河车"，性寒，味甘苦，有清热止血、消肿解毒、强心利尿之功。对砒霜或鸦片中毒有醒解作用。民间常用万年青根、叶为草药，内服治疗跌打损伤、咽喉肿痛；外敷治疗毒蛇咬伤、乳腺炎等症。

8. 和平的使者——橄榄

在《圣经·创世纪》中叙述了这样一个故事：大地被洪水淹没，留在方舟里保全了性命的诺亚，一天放出鸽子，探测洪水是否已经退去。当鸽子回来时，嘴里衔着一枝新摘下的橄榄枝。诺亚知道洪水已经退去，就回到陆地上。后来，人们就把鸽子和橄榄枝当作和平的象征。

橄榄又名白榄、青果，属橄榄科，高约 10～20 米，是常绿乔木。全株有胶黏性芳香树脂。叶椭圆形，11～15 对形成奇数羽状复叶。花白色，有芳香，小花 20～300 朵形成圆锥花序。花序里雄花最多，两性花较少，春季开花，秋季结果，结果率只有花的 10％左右。核果呈椭圆形或纺锤形，果皮绿色，成熟后呈淡黄色，果核坚硬。

橄榄原产中国，现在广东、广西及云南西双版纳等地还有小片野生橄榄林，以广东、福建栽培最多。果味涩苦而甘，除鲜食外，可加工成蜜饯。中医学上，用作清肺利咽药，治疗咽喉肿痛。橄榄种子含油 20％，可榨油供工业应用，木材可制家具和农具。

9. 美人树——白桦

白桦树干耸立，枝叶疏散，树皮洁白，枝条柔软；迎风摇曳，姿态俊美，远远望去，好像一群群白衣天使在翩翩起舞，一向被称为"美人树"。

白桦属桦木科。全球有桦树 40 种，中国有 22 种，多产于东北、中部至西南部。其中有刀枪不入的铁桦树，入水即沉的坚桦树，身披"红外套"的红桦和穿着褐色外衣的黑桦等。

白桦是落叶乔木，高达 25 米，胸径 50 厘米，叶三角状卵形。树皮以白色著称，由于含有 35％白色的桦

白桦树

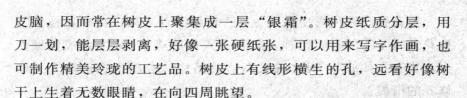

皮脑，因而常在树皮上聚集成一层"银霜"。树皮纸质分层，用刀一划，能层层剥离，好像一张硬纸张，可以用来写字作画，也可制作精美玲珑的工艺品。树皮上有线形横生的孔，远看好像树干上生着无数眼睛，在向四周眺望。

白桦在春天先开花，花单性，雌雄同株，由许多小花集成葇荑花序，手指般粗的花穗从枝梢挂下。叶片接着长满树冠，一团翠绿，亭亭玉立，端庄秀丽。10月果熟，坚果小而扁，两侧有果翅，能乘风飞散，自然播种。

白桦喜光，抗寒，耐旱，在湿润肥沃土壤中生长迅速，是绿化造林的先锋树种。

白桦的木材坚硬而富弹性，用途很广。树皮可提炼白桦油，供化妆品香料用。桦树汁可入药。

在德国民间，人们把白桦树看作高尚的爱情象征。每年5月1日，年轻的姑娘总要在阳台上插上一枝白桦树枝；男青年要向爱慕的姑娘献上一棵翠绿的小白桦树苗。

世界国花

1. 中国国花

梅花是中国人最钟爱的花。从黄帝时代筑台赏梅的传说到现代人咏梅、画梅的韵事，无不显示出梅花与中国人文化生活的密切联系。梅化融进中华民族的文学艺术传统，梅花影响和塑造了中华民族性格。辛亥革命后，1919年，它被中国人民尊为国花。近年在全国性的国花评选活动中，梅花也是得标呼声最高的花种。

梅是蔷薇科的乔木树种，落叶，树高四五米，较高的七八米。枝条遒劲疏朗，树冠开阔，呈圆形。先开花后长叶。花瓣为五个或五的倍数，上有美丽的斑纹，花色有红、白、绿、黄，且清香四溢。叶呈卵状，互生，有长尾尖，边缘有细锯齿。

梅花在严寒风雪中怒放。"已是悬崖百丈冰，犹有花枝俏"，梅花傲霜斗雪的不屈精神，向来为人们所尊崇；"零落成泥碾作尘，犹有香如故"，梅的清雅高洁的品格，也成了志士仁人人格修养的楷模。

梅花原产中国，15世纪才传到国外。中国长江以南多有栽种，北方也可觅到它的芳踪。

2. 朝鲜国花

春天到了，朝鲜满山遍野开放着娇艳的金达莱。"金达莱"在朝鲜语的意思是"长久开放的花"，朝鲜人民把它看做生命力和幸福的象征，以它作为自己的国花。

金达莱即杜鹃花科的迎红杜鹃。它是一种落叶灌木，椭圆形的叶子，薄薄的，泛着翠绿。花朵单生，管状花型，每朵直径约三四厘米，玫瑰紫红色。花开时，叶子还没长成，花显得格外娇艳。杜鹃花花后结子，种子浅灰色，扁平，外包有特别的毛茸。

关于朝鲜国花，还有另一说法，即木槿无穷花也被朝鲜人民视作国花。

木槿无穷花，就是木槿。木槿又名朱槿、槿树条，属锦葵科落叶灌木。叶互生，呈卵形或菱状卵形，常有三裂，边缘有锯齿，叶面不甚润泽。花开在炎夏至深秋的少花季节，有白、粉红、淡紫和紫等颜色；花瓣有单瓣的，也有重瓣的。一朵朵花单生在叶腋，扶疏淡雅，别有风韵。结圆形蒴果。

木槿能分解有毒物质，如二氧化硫等，是净化环境的花种。种子和花都可入药。

木槿原产中国和印度，适应性很强。

3. 日本国花

樱花，是日本民族精神的象征。过去，日本人民把它看成神木；现在，日本人民仍把它看做是民族的骄傲。日本有樱花节。节日期间，举国若狂。樱花如云如霞，游人如醉如痴，人们赏樱，赞樱，在花宴、花会、花舞活动中共度美好时光。

樱花是蔷薇科落叶乔木，品种繁多，据说有八百多种。山樱

植物大观

可长到 20 米左右，公园和庭院的樱树，经过人工栽培，一般为 5 米左右。有的花比叶先开放，有的则是花叶并发，有的是先长叶后开花，花五六朵簇拥在一起呈短总状花序，每朵花花瓣有单有重，白色的、红色的、黄绿色的，轻盈娇艳，淡香袭人。

日本栽培樱花历史悠久，樱花与日本人民的生产、生活融合在一起。花开时节，人们播种下希望，花落结果时节，人们迎来了秋收。

樱汁、樱叶、樱花、樱木，是常见的药品、食品、家具和木雕的优质原料。

4. 泰国国花

泰国地处热带，湿热高温。境内湖沼棋布，地理气候条件适宜睡莲的生长。泰国又是一个佛教国家，佛教视莲花为吉祥如意的象征，睡莲在很多国家被誉为"水中的仙女"，泰国定睡莲为国花也是很自然的了。

睡莲在中国也被叫做"子午莲"，属睡莲科，多年生水生草本植物，马蹄形的叶子浮于水面，叶柄很长。秋季开花，多为白色，也有黄色、红色、紫色的品种，午后开放，傍晚闭合，开开合合，三四日，甚至十来天方凋谢。

睡莲或自生或栽培在水里，世界上许多国家是它的原产地。如红睡莲原产于印度，白睡莲、黄睡莲、紫睡莲原产于非洲，中国也是白、黄睡莲的原产地之一。

5. 马来西亚国花

地处热带的马来西亚，奇花异卉，种类繁多，而马来西亚人最喜爱风姿绰约的扶桑，把它定为国花。

扶桑，又名木槿牡丹、朱槿、佛桑等，属于锦葵科的常绿灌木，原产中国。扶桑的叶子呈卵形，似桑叶，网状叶脉十分清晰。花四季常开，生于植株上部叶腋，花型大，雄蕊特长，伸出花外，别有风姿，有红色、白色、黄色等花色，瓣有单、重之分。

扶桑除供观赏外，花、叶、根都可以入药，茎皮多纤维，可制绳及麻袋。

6. 新加坡国花

1981 年 4 月 15 日，新加坡共和国文化部正式宣布，把卓锦·万代兰定为国花。

卓锦·万代兰是一位侨居新加坡的西班牙园艺师艾尼丝·卓锦在上一个世纪末培养的兰花新品种。新加坡人称它为"卓锦·万代兰"，把这种兰花看成"卓越锦绣，万代不朽"的象征。

卓锦·万代兰是热带兰花，叶比我们常见的春兰、夏兰宽厚得多，花茎也挺拔上攀，高可达一至二米。花四季常开，往往是一朵谢了，一朵又开。花被由六片花瓣组成，分一个唇片和五个萼片，姿态清丽端庄。

卓锦·万代兰不仅美丽，还有一般热带兰少有的扑鼻幽香。它的生命力也极旺盛，能适应极恶劣的生存条件。这些也是新加坡人民钟爱它的原因。

7. 菲律宾国花

在"万花之国"菲律宾，无论是高山还是平地，无论是城市还是乡村，茉莉花随处可见。菲律宾人把它视为纯洁、清雅的象征，用它来表达爱情，祝福友谊。妇女们平时常把它插在发髻上，佩在衣襟上，作为装饰。

茉莉属木樨科，常绿攀缘灌木。叶对生，色晶莹苍翠，呈椭圆或卵形；花期很长，夏季开花最盛，秋季开花历时最长，花莹白如珠，有单瓣和多瓣之分，散发着淡雅的幽香，常三朵生在一个总梗上。

茉莉性喜湿热，原产印度，相传在汉代传入中国。经过千百年来的培育，中国南北各地都有栽种，是庭院或温室里常见的盆栽芳香植物之一。它是熏制花茶和提取芳香油的原料。

"千岛之国"印度尼西亚和南亚的巴基斯坦也把茉莉花定为国花。

8. 埃及国花

莲花，即荷花，在埃及有悠久的栽培历史。古代欧洲人称莲

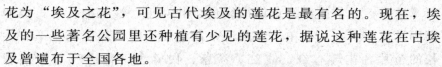

花为"埃及之花",可见古代埃及的莲花是最有名的。现在,埃及的一些著名公园里还种植有少见的莲花,据说这种莲花在古埃及曾遍布于全国各地。

莲花,属睡莲科,多年生水生草本植物。根茎横卧于泥中,最初细如手指,称莲鞭。莲鞭上有节,夏秋间莲鞭顶端数节入水底泥土中,逐渐长大成藕。莲鞭节上向下生出须根,向上抽出叶片和花梗。夏季开花,挺直的花梗挑着硕大的花冠,楚楚动人。花瓣多为粉红和白色。一般一茎一花,也有一茎双花的并蒂莲,一茎三花的"品字梅"等。花瓣有单有重。单瓣莲花谢后花托膨大成莲蓬,莲蓬内生有莲子。重瓣莲花不结子。

荷花

莲花是有花植物最古老的种属之一,保留着古植物的某些形状,植物学家称它为"活化石"。莲子是坚果,外有硬壳保护,埋在土里可以保存几百年,甚至上千年。

莲因其亭亭玉立的外形和"出淤泥而不染"的习性,自古以来也受到中国人民的喜爱,人们把它视为洁身自好的君子。

除了观赏价值,莲藕、莲子可食用,藕节、莲子、荷叶可入药。

9. 摩洛哥国花

在摩洛哥,无论山区平原,到处有石竹怒放。石竹是朴素和刚强的象征,摩洛哥人欣赏石竹,石竹是他们的国花。

石竹,也叫"洛阳花",是石竹科多年生草本花卉。株高40

厘米左右。全株呈粉绿色或白绿色。叶对生，线状披针形，疏朗潇洒。夏季开花，花单生或两三朵稀疏地生在茎顶，花萼下有尖长的苞片。花瓣有红、浅红、淡紫、白等色，花边浅裂像细锯齿，多单瓣，显得简洁明快。

石竹生于山野间，朴素自然，适应性较强。栽培供观赏，有清新雅致之风，给人以柔中有刚之感。

10. 坦桑尼亚国花

坦桑尼亚是丁香之国，坦桑尼亚的奔巴岛和桑给巴尔岛上到处是丁香树。丁香树装点了国家，丁香树给人们带了丰收和欢乐，坦桑尼亚人民把丁香作为自己的国花。

坦桑尼亚丁香是属于桃金娘科的常绿乔木，与我们常见的属于木樨科的丛生灌木紫丁香不是一个种属。这种洋丁香树可高达20米。革质长卵形的叶子对生着，油绿茂密。一、二月间，丁香结蕾，呈聚伞状花序，成熟后为鲜红或金黄色，含芳香挥发油，香气沁人心脾。每到丁香结蕾季节，奔巴岛和桑给巴尔岛上四处飘香，名副其实成了"世界上最香的地方"。

丁香是名贵的香料和药材，花蕾中提取的丁香油是重要香料，花蕾晒干后是中医所谓的"公丁香"，花后结实是中医所谓的"母丁香"，性温、味辛，有温胃降逆的功效。

中国广东、广西也栽培了不少洋丁香。

11. 罗马尼亚国花

罗马尼亚人民喜爱白蔷薇，认为它是纯洁、高贵、真挚、热情、幸福、欢乐的象征，把它奉为国花。

蔷薇是属蔷薇科的落叶灌木。枝条蔓生，有时爬到篱笆和栅栏墙上。叶为羽状复叶，小叶椭圆形或倒卵形，非常茂密。花小，常六七朵簇开在枝顶，单瓣和重瓣的都有，白色的、红色的、粉色的居多。白色单瓣蔷薇，香气浓郁，诗人夸张地说，这香气随着微风可飘达十里。刺多是蔷薇的一大特点，枝上皮刺散生，叶柄下面有一对刺。

蔷薇在北半球温带和亚热带地区广有分布，除供观赏外，花可以制造香精，种子、根、花可以入药。

12. 意大利国花

意大利多山，早春时节，漫山遍野开满雏菊。小巧玲珑、色彩和谐的雏菊，在意大利人看来是颇有君子风度的，从而将它定为国花。

雏菊，一名小雅菊，菊科植物中最小的花卉。多年生草本，丛生。叶子多为基生，有的像汤匙，有的像倒卵。花开在叶丛中抽出的花茎顶端，头状花序，中间的管状花呈黄色，周围的舌状花呈白色、粉红色或红色。雏菊原产欧洲，中国各地均有栽培。早春季节，春花很少，耐寒的雏菊装扮着大地，给人们报告着春的消息，它成了花坛布置和盆栽花卉的主角。

13. 圣马力诺国花

圣马力诺是南欧一个面积仅近 61 平方千米的袖珍国家，它的国花仙客来也小巧玲珑、风格独特。

仙客来，是译音名，也称兔耳花、萝卜海棠等，属报春花科多年生草本植物。球茎扁圆形，叶子从球茎中丛生出来，心脏形，浓绿而厚，叶表面有银白环斑，背面为红色。冬春开花，花梗细长，花单生茎顶，花冠深裂为片，向上翻卷，形似兔耳，有红、白、粉白、紫红、深紫等色，清雅隽秀，别具风韵。

仙客来原产希腊和叙利亚。中国天津市仙客来的栽培和出口很兴盛。

14. 西班牙国花

西班牙人性格刚烈、豪爽，酷爱炽烈如火的红色。"五月榴花照眼明"，红得灼人的石榴花便被他们誉为国花，石榴花图案也被绘在国徽上。

石榴属石榴科，落叶灌木或小乔木，枝条如针，向上直立。叶对生，呈卵形或椭圆形。夏季开花，花色鲜艳，有红色、橙红色、白色、黄色等。果实为浆果，球形，外皮革质，内包颗颗种子。种子的肉质外种皮，多汁，或甜，或酸，或苦，口味不同，功效各异。

还有一种"花榴","华而不实",供观赏用,花形硕大,重瓣密集,十分美丽。

石榴原产伊朗、阿富汗等中亚地区国家。中国南北各地均有栽种。

15. 英、美国花

在西方,玫瑰被看做爱情和友谊的象征,许多城市举办"玫瑰花节",用玫瑰花装饰的花车载着美丽的"玫瑰小姐"游行狂欢,表达对玫瑰花的热爱和对美好生活的向往。英国人对玫瑰更是厚爱有加,历史上贵族把它作为家族的标志。1455～1485年,以红玫瑰为族徽的北方贵族和以白玫瑰为族徽的西方贵族之间,进行了一场有名的"玫瑰战争"。至今,在英格兰的国徽上仍可见到玫瑰。美国是移民国家,欧洲人对玫瑰的酷爱影响着美国人的趣味。1986年9月23日,美国国会众议院通过决议,把玫瑰定为美国的国花。

玫瑰是蔷薇科植物,落叶灌木,多年生。通常高1～2米,茎丛生直立,密生皮刺和硬刺,因而又名刺玫瑰。叶互生,为羽状复叶,背面密生绒毛,表面似有皱褶。夏季开花,花多单生,也有数朵丛生的;花瓣有单有重,色彩艳丽,有紫红、大红、粉红、淡黄、纯白等色,香气馥郁。

玫瑰原产中国,经过人工栽培,现在有1000多种。玫瑰既可栽植于花坛和庭院中,供人观赏,也可大面积栽在玫瑰谷或玫瑰园,在供人观赏的同时,获得经济效益。

玫瑰的主要经济价值是用来提取香精和玫瑰油。香精和玫瑰油是化妆品工业、食品工业、医药工业的不可缺少的原料。玫瑰刺多叶皱,可阻滞灰尘;玫瑰对二氧化硫、氟化氢等气体又有较强的吸收能力,因此它是良好的"除尘器"和"空气净化装置"。

卢森堡、保加利亚等国也把玫瑰定为国花。

16. 荷兰国花

郁金香,荷兰的国花;荷兰,是郁金香之国。郁金香美丽、华贵、庄严,荷兰人把它视为祖国的象征。郁金香是荷兰人社交

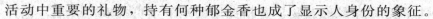

活动中重要的礼物，持有何种郁金香也成了显示人身份的象征。

郁金香属百合科，是多年生草本植物，有饱满的地下鳞茎。叶子由基部生出，3～4 片，呈广披针形，带粉白色。春季开花，花开在茎顶，像一个高脚酒杯，色彩艳丽，有红、黄、白、蓝、紫等色系，有单瓣和重瓣之别，花瓣上有的有条纹或斑点。用鳞茎繁殖。

郁金香的原产地在中国的青藏高原，因而性耐寒。它传到欧洲是 16 世纪的事，在荷兰安家落户之后，成了"花中之王"。

匈牙利、土耳其、伊朗等国也把郁金香作为国花。

17. 比利时国花

虞美人因其花色艳丽，姿态娇娜，深受比利时人的青睐，被定为国花。

虞美人是属于罂粟科罂粟属的一年生草本植物，又称"丽春花"，株高达 80 厘米，长满粗糙的白毛，茎直立，有分支；叶为羽状分裂，互生。五、六月开花，开花前，花蕾低垂，开花时，萼片迅速脱落，花梗挺直，托起四片花瓣，袅袅娜娜，摇曳多姿。花色有朱红、紫红、深紫及白色，也有重瓣品种。花后能结蒴果，果皮中含有极少量的"鸦片酊"，欧洲人称它作"包米罂粟"。

虞美人原产欧洲，中国各地都有栽培。全株皆可入药。

18. 法国国花

法国人钟爱香根鸢尾。从前的皇帝把它作为印章和铸币的图案，现在的法国人把它作为手工艺品、商品广告的图案。他们把白色的香根鸢尾看做光明、纯洁、庄严的象征，把它定为国花，画在国徽上。

香根鸢尾是鸢尾的一种。鸢尾，也称"蓝蝴蝶"，是鸢尾科多年生草本植物，单子叶。地下根茎有很多节，茎由地下茎生出。叶子由基部生出，呈剑形，交互嵌叠成两行。春季开花，花形似蝴蝶，大而美丽，无花萼、花冠的区别，六片像花瓣的花被排成两列，有蓝紫、白、淡红等色。外列花被的中央面有一行鸡冠状白色带紫纹突起物。香根鸢尾的地下茎可提取芳香油，也许它因此而得名吧。

白色的香根鸢尾最名贵，欧洲人称它为"佛罗伦萨鸢尾"，法国视它为最宜人的观赏花卉，广为种植。

鸢尾原产北温带，广布欧、亚、北美许多国家。中国鸢尾花原产在中部，现在各地均有栽培。

美丽动人的鲜花故事

神态各异、妖艳多姿的鲜花被人们所喜爱，人们也创造出许多关于鲜花的美丽传说，表达不同的向往和追求。

冰清玉洁的水仙花在古希腊的神话传说中原是一名叫纳西索斯的美少年，许多女孩爱恋着他，可他却无动于衷。复仇女神决定惩罚这个高傲的英俊少年。有一天，纳西索斯在水中看见了自己的影子，他以为那是一个美丽女郎，便爱上了她。当他扑入水中的时候，溺水而死。从此，就出现了水仙花，永远离不开那一片清净的水面。

阿根廷把生长在高高枝头上红艳的赛波花尊为国花。在历史上，印第安族的酋长之女婀娜伊曾率领部落人民同西班牙入侵者进行英勇斗争，后不幸被捕，被烧死于赛波树上。未到花期的赛波树竟因此感动得开出一树火红的花。1942 年，阿根廷把赛波花定为国花，鼓舞人民的爱国信念。

苏格兰的国花是兰刺头（紫蓟）。据说古罗马人入侵苏格兰时，苏格兰士兵浴血奋战，最后退守到一座山头上，终因精疲力竭而酣然入睡了。罗马人乘机分兵 8 路，向山上攀登，恰好一个罗马士兵不慎一脚踏在兰刺头上，痛得失声惨叫，苏格兰士兵闻声惊醒，居高临下消灭了偷袭之敌。兰刺头因此被定为国花。

第一位在四川穆坪看到盛开的珙桐的欧洲人是一位法国神父。1896 年后珙桐被引种到欧洲各国，如白鸽展翅，象征和平，外国人称它为"中国的鸽子树"。其实，珙桐在我们中国还有一个动人的传说呢。西汉时昭君出塞，带走一对白鸽，数年后，白鸽有了一群后代。昭君远离故乡，常常思念亲人。有一天，远离多日的白鸽衔回几片桑叶，昭君认定这是故国的桑叶，她激动地写了一封信，系于鸽脚。白鸽将信带到昭君的故乡秭归，群集在昭君种植的一株桑树上。10日后，人们发现那成群的白鸽已化作洁白美丽的花朵。为了纪念昭君，人们把这种开有美丽的鸽子花的树称为"昭君桐"。

玉簪花传说是在王母娘娘举办的蟠桃宴上，白鹤仙子酒醒之后，梳理头发时失手跌落凡间的一枝玉簪。当白鹤仙子下凡寻找之时，却发现那玉簪已变成一种洁白的玉簪状的花朵，于是就把它留在了人间。人们根据这个传说，给它取名为"白鹤仙"。

庄子梦中化蝶，死后化成了状如蝴蝶的蝴蝶花；西楚霸王的爱妃虞姬自刎，鲜血浸过的土地上生出楚楚动人的虞美人……每一朵娇艳的鲜花后面竟有一个优美动人的故事。

鲜花安葬死者之谜

鲜花安葬死者是从何时开始的呢？美丽的鲜花常常被人们用来作为美好事物的象征。尽管现代科学家知道鲜花只不过是植物的生殖器，然而人们依旧把鲜花看得很神奇，她是那么的美妙，以至人们越来越迷信鲜花，把它当作至高无上的礼物。许多无法表达的语言、难以传递的情感都要借助鲜花来表达。生日、婚礼、盛大庆典、祝寿以及生老病死那些不能表达清楚的感情，都让鲜花去表白。

对鲜花的迷信可以追溯到史前时期。传统的观点认为，远古人类在自然界竞争生存的情况下，生活是极其恶劣、残忍而且为时短暂的。每一天都是一场为生存而作的斗争；每次狩猎都要冒死亡的危险，每次受伤都可能导致送命；每次转换营地都是前途难卜，不知道是祸是福。现代考古学家检验过出土的尼安德特尔人骨骼，结果显示只有极少数尼安德特尔人因老而死，大多数的人死时都不到 20 岁。传统的观点对历史的描写是极其恐怖的，似乎历史越久远就越黑暗越残酷，如果完全按过去的对远古的描绘，依现代的史前观念，历史早就中断，人类早已被摧毁了。然而事实并非如此。

以生活在至少 6 万年以前欧洲大陆心脏地带的尼安德特人为例，在那个时候，他们支配着世界。他们是石器时代的人类，尽管他们的生活有着艰难困厄，尼安德特尔人却能够怜悯弱者和懂得崇敬死人，和现在的人一样热爱鲜花、崇敬鲜花，用鲜花安抚死者的灵魂。尼安德特尔人这种充满和平、爱心和仁慈的世界，由数年前史密生博物馆的索列基，在伊拉克东北部沙尼达林近郊一个山洞中发掘到了证据。

索烈基领导的考古工作队到偏僻的札格洛斯山去，经过近 10 年努力，发掘到好几层人类居住遗迹，最古老的一层可追溯至最后一次冰河期。其中最令人兴奋的是一座尸体周围放满花束的坟墓，它的特别在于这里埋葬的是一个残废人，将他的骨骼化石加以分析的结果显示，他在儿童时期便丧失了右臂，而且患了严重的关节炎。在现代人想象中的原始社会里，像这种肢体残缺的人，是不允许在童年后仍然生存下去的，因为一个仅可维持基本生活的社会，并无能力供养和保护没有生产能力的成员。可是，沙尼达林的这个可能无力参加狩猎的残废人，却由族人照顾了差不多 40 年，比我们认定的当时平均寿命长了一倍。这个残废人显然是被山洞顶部偶然脱松坠下的岩石压死的，族人不仅安葬了他，而且让他长眠在采摘回来的花卉中。虽然花卉早已腐化，但植物学家知道墓穴里的确放了许多鲜花，因为那些花卉所含花粉用显微镜看得清清楚楚。在潮湿的土壤中花粉仍然保存良好，甚至 6 万年前摘下的鲜花属于哪一品种，今天也能明确辨认出来。那些花共有 8 种：西洋蓍草、矢车菊、蜀葵、千里光、麝香兰、圣班纳比苏、木贼和锦葵。麝香兰、矢车菊以及锦葵似乎只是放在坟墓中作为装饰，而木贼则用来作铺垫，至于其他几种，自古以来已广泛用作草药。仍在过原始生活的尼安德特尔人，大概是在这个发展阶段中已认识到这些植物的医疗效能。由于这些花卉采自坟墓四周广大地区，有些更是附近没有的品种，因此这一定是尼安德特尔人有意识做的，其中某些花儿放入墓穴便不只是表示怀念，而是用来协助死者来生的身体健康。

利用花粉分析，植物学家还可以断定埋葬这尸体的季节。坟墓中发现的花朵，通常盛开在五月尾至七月初的初夏期间，因而，我们得以知道沙尼达林这个墓穴中被鲜花簇拥着的死者，大约是在 6 万年前某一个 6 月左右的日子死亡的。我们无法知道用鲜花陪葬死者是从哪个时期开始的，尼安德特尔人用鲜花向死者致敬的做法和我们今天的做法一模一样，而不是任死者暴尸荒野，说明了尼安德特尔人对死去的人怀有深厚的感情。由于那个时代肯定不存在污染环境和讲究卫生的说法，与凶猛野兽共同生存在大自然中的尼安德特尔人，假如不埋葬尸体，动物们也会将其处理干净，尤其是用鲜花陪葬绝不是平常意义上的措施，因而大多数学者认为，人类史前祖先之所以不怕劳苦，用简陋不便的工具挖掘大洞穴埋葬死者，其实是基于相信人死后仍有某种精神世界存在，这种对永生的信念，可能与人类的思想意识一样悠久绵长。

埋葬死者的习俗肯定已有非常悠久的历史。古人的想象能力似乎非常丰富，好像埋得越深，去另一个世界就越近，而祈祷以及鲜花才能让死者的灵魂安息。今天的人们在多大程度上能理解这层含义？

植物性食物搭配有讲究

中国人的食谱广泛，是世界有名的美食之国，可是其中有一些却是违背了自然科学的。科学饮食与搭配，已经成为人们健康生活的一个重要内容。

茶叶蛋是街头的一种常见的食品，可常吃茶叶蛋对人体健康并不利。由于茶叶中含有生物碱及其他一些酸性物质，它们与鸡蛋中的铁元素一经结合，便成为不宜被人体消化吸收的物质。

小葱拌豆腐，一青二白，是夏天的风味小菜。可是小葱中含有大量酸，豆腐中含有钙，它们会结合而成白色沉淀物——草酸钙，其后果是减弱了人体吸收钙的功能。

土豆烧牛肉，这两种食品所需的胃酸浓度不同，在肠胃里滞留的时间也就长，因而导致人体消化困难，如果贪图味美吃多了，就会令人腹胀难受了。

书与植物

书，记载了人类历史的发展，记录了人们的思想，成为人类精神宝库的忠实的代言人。现在的书多是一页页洁白的纸构成的，可古时的书并不是这个样子。

蔡伦纪念馆

在中国最早的"书"是人们刻于龟甲上的字构成的书。后来春秋时期，人们发现在木片或竹片上刻字更为容易，从而把许多竹、木片编串起来，称为简、牍。那时看本"书"可真够费劲的，仅重量就有数十千克重。

西汉时，有了棉纤维造的纸，可是特别粗糙。再后来蔡伦改进了造纸术，这也是中国四大发明之一。这种纸光滑、轻便，从而大量以纸做的书出现了。后来造纸术推广到世界各国，促进了世界文明的发展。

发展到现在，造纸工艺也先进多了，但也摆脱不了以木材、棉麻、竹子、芦苇、甘蔗渣、稻草和麦秸这些植物作为原料。把这些东西切碎后，送到很高的大锅里蒸煮，与化学药品发生反应之后就形成了纸浆；然后经过过滤、漂白，再把纤维整理柔顺、分杈、加入松香、增白剂，送进造纸机；分页后烘干就成为洁净又十分光滑的纸了。看着这一张张洁白的纸，谁又会想到背后那许许多多的植物呢？

在古埃及，人们把当地的纸莎草的茎切成片，粘接成大张后压平，然后把又一张以垂直于纸茎的方向压在上面，就做成草茎纸，人们沾着墨鱼墨斗里的汁液在上面写字、作画，成为古埃及著名的手工艺品。

南亚印度也用树叶在上面刻字做书，上面记录了佛经、历史事件，还有文学作品，成为一种珍贵的文物。

中国云南傣族则以一种叶贝的叶子做纸写字。

古代的美洲玛雅人发明了用无花果叶造纸，在上面写字著书，后来被西班牙入侵者几乎全部毁灭了，只留下 3 本树皮书。

植物就是这样，在人类的聪明智慧下变成了各种各样的"纸"，默默但是极其忠实地为人类做出了巨大的贡献，成为伴随人类文明进步的最好的朋友。

蔬菜的象征

葱——真理的标志。埃及农民在争论和诉讼中，常常把一束葱高高举起，表示真理在手。

番茄

蒜——吉祥的预兆。土耳其人在家门口挂上几束蒜，认为能给人带来幸福；匈牙利人将大蒜放在孕妇床上，认为可以保护母婴的健康。

番茄——求爱的赠品。在欧洲的一些国家，男女青年恋爱时，常以番茄作为信物相互馈赠。

甜菜——拒婚的信号。古代波斯人认为甜菜是一种"不吉祥"的东西，如果一个小伙子到姑娘家求婚，款待他的是盆甜菜汤，那就得赶快退出，由于这表示求婚无望了。

仙人掌的世界——墨西哥

墨西哥是世界上以仙人掌而著称于世的国度，在它北部山区的大面积沙漠里，众多的仙人掌科植物几乎占了全世界仙人掌数量的一半。有的巨形仙人掌高达 15 米，分有数百个枝杈，仿佛是一尊巨形怪物站在那里；而巨形仙人球重约 1 吨；此外还有仙人鞭、仙人棒、仙人山等都各具风采。仙人掌开有黄色、红色的花朵，有的大花直径有几十厘米。仙人掌的果实五彩缤纷，味道也十分甜美。在城市里仙人掌被用于美化环境；而农民则用它来防止水土流失。

虽说物以稀为贵，但墨西哥人对国内遍布的仙人掌并不是由

大仙人掌

于常见而厌恶，相反的，仙人掌在墨西哥历史上有重要的社会和宗教地位，有的被奉为神灵，有的被视为避邪神木，有的被用为治病的灵方。不过仙人掌也确能治疗一些疾病，如肛肠出血和一些炎症，甚至还能抑制癌细胞的扩散发展。

在墨西哥，仙人掌还被普遍用于食用，他们有时削去仙人掌的刺皮生吃；有时把去皮后的仙人掌炒菜或凉拌，别有风味。仙人掌的嫩茎还用于制作酸菜或蜜饯，人们甚至把仙人掌的果实拿来熬糖、酿酒。

或许正由于仙人掌给墨西哥人带来如此多的好处，他们与仙人掌也有了不解之缘，他们把引以自豪的仙人掌装饰在国旗、国徽和货币上，以及各种包装物上。

墨西哥人和仙人掌真是人与植物团结的典范！

"姑娘花"——颠茄

关于颠茄有一个故事。

那是在很久很久以前，尼亚拉瓜大森林旁聚居着一个强大部落。部落酋长是个智勇双全的优秀猎手。有一天夜里，他在睡梦中被一个女孩的哭声惊醒。他走出帐篷，发现一个瘦弱的小女孩。小女孩说自己是远方部落的一个孩子，在森林里迷了路。酋长可怜这个小女孩，把她收为养女。

从此这个女孩和酋长的七个儿子一天天长大，最后出落成一个特别美丽又善良的姑娘。

有一天大儿子说要娶这个姑娘为妻，可其他六个儿子都提出了同样的要求。这个姑娘对酋长说自己把这七个人视为亲兄弟，没有其他的想法。

酋长的七个儿子迟迟得不到姑娘的答复，因此他们来到森林里商量说要通过决斗来决出谁能有资格娶到这个姑娘。

没想到酋长那天也去了森林，听到儿子们的谈话。酋长十分焦虑，便求助于巫师，巫师说只有除掉那个姑娘才有可能彻底消除这场灾难。酋长想不出别的办法，只得忍痛让人把姑娘杀了。可姑娘只是昏死过去了，她被抛弃到密林里。

深夜里，姑娘苏醒过来，面对四周她心里一片恐惧，还时时有野兽的长啸低吟传来。这时姑娘隐约听到有人召唤她，说要帮她消除伤痛。她循声望去，看到一株开着紫花的不到半人高的小草。姑娘感到自己的身子缩小了，她躲进那紫色的钟形花朵，这朵小小的花朵给她带来安全、解除了她的伤痛，从此姑娘便在花朵中永远地住了下去。

七兄弟寻到了这株花，他们立刻变成了七只翩翩起舞的蝴蝶，却不敢靠近停在花上，由于这朵花对它们有一种致命的毒性。

这株花叫颠茄，它能使人们瞳孔放大，有镇痛止疼和安神的功效。

颠茄属于茄科植物，它本身虽有毒，但入药后却可治疗肠胃、消化系统疾病；因它能放大瞳孔，可用于眼科手术。如果有人采摘颠茄时不小心把沾了颠茄叶的手去擦脸上的汗，就会脸颊透红，瞳孔也放大了，一天工作不得。

花的语言

欧美人的生活与鲜花有着不解之缘，其中一个很重要的原因就是他们视花为一种载体或媒介，以花代言，借花抒情，尤其是表达各种难以启口的微妙细腻的情感。

象征炽热爱情的花中当首推红玫瑰，其次是红蔷薇、红鸡冠花等。欧美女性特别喜欢情人献上的红玫瑰，并常说"我恨不得长两个鼻子来闻您送的玫瑰花！"那些初恋者的手中则常可见到红郁金香、紫丁香或报春花。白丁香和四叶丁香表白的是"您永远属于我"、"我永远记住您"之类的山盟海誓。杏花的功能是试探："您呢？"、"可以吗？"黄郁金香发出的是失恋者的悲哀。红康乃馨饱含着受挫者的伤感；条纹康乃馨想说的是"忘掉我吧！"和委婉的拒绝；黄康乃馨则是轻蔑的信号。一看到兰花，就可领悟赠者的虔诚之意。白色百合花或秋海棠是向亲戚朋友问好的友谊使者。水仙花一般不能送人，因它"冷酷无情"。欧美人无赏菊之雅兴，在有些欧美国度，菊花被视为"妖花"；不少欧美人又惯于以菊花来祭灵。有趣的是雏菊

美丽的菊花

在法兰西却有一种特定的含义："我只想见到您，亲爱的！"男士

常雇人将花送到他心上人的府上。

鲜花的搭配也很有讲究。譬如，在西欧，母亲送给子女的花束通常由莒（即凌霄花）、僧鞋菊、樱草、金钱花和冬青组成。与人离别时，常献上以杉枝（分别）、胭脂花（勿忘）配成的花束。探望病人时多用表示安慰的红罂粟加预示幸福重归的野百合花。

送花是件美好的事儿，但如不入乡随俗，准会闹出乱子。在法国，康乃馨被当作不祥之花，若你稀里糊涂地送大把的康乃馨给法国人，他们一定会吹胡子瞪眼。与东方人的习俗不大一样，送花给德国女主人最好为单数，以 5 朵或 7 朵为宜。送花给巴西人时务必避开紫色，因紫色在巴西是死亡的象征。

欧美人对鲜花一往情深，哪怕是"落花"，公园里常可见到有人（特别是上了年岁的老人）将地上的花瓣捡起，裹以手绢，回家制成标本，以永远留住鲜花的美貌。唯独阿根廷人对鲜花的"糟蹋"可谓毫无顾忌，在元旦之日，阿根廷人将整篮整箩的花瓣撒在江河水面上，人们争先恐后地跃入落英缤纷的"花海"，用花代皂，搓揉周身，据称可洗掉旧岁的霉气与污垢，以换得新年的安顺与富贵。

植
物
大
观